ソフトウェア品質保証の極意

Empirical Approaches of Software Quality Assurance

経験者が語る、組織を強く進化させる勘所

推薦のことば

「品質とは、誰かにとっての価値である（Quality is value to some person）」とは、有名なジェラルド・ワインバーグの言葉です（『ワインバーグのシステム思考法』より）。顧客起点の価値創出を目指すデジタルトランスフォーメーション（DX）が叫ばれる今こそ、ソフトウェアの品質を通じた価値づくりが求められています。では、それを変化の激しい中で慌てず、どのように組織立って進めればよいでしょうか？

「質とは、行為ではなく、習慣である（Quality is not an act, it is a habit）」とは、哲学者アリストテレスの言葉です。まさしくソフトウェアの品質は、そして、それを生み出すソフトウェア開発組織の質は、レビューやテストといった活動をすれば直ちに確保されるものではありません。組織のあらゆるレベルにおいて、ソフトウェア品質のマインドを共有し、ソフトウェアへと品質を組み入れ、保証しマネジメントするという活動が習慣として定着してこそ、価値を生み出す品質を着実に扱え、高い質を備えた組織となります。

本書には、品質に関わる活動を習慣化するために必要な極意が、知識体系SQuBOKガイドに照らして分類収録されています。変化が激しく、生成AIに代表される技術進展も目覚ましい現代では、理論をおさえるだけでは品質の持続的な確保は困難です。変わらない本質が何であり、どのような場合にうまくいき、どうするとうまくいかないのか。どうすれば定着できるのか。それらは理論のもと、実践の積み重ねによりはじめて明らかとされてきたものです。本書では、品質のエキスパートである著者らの長年の経験に裏付けられたベストプラクティスが、その要点やヒント、成功の条件、事例などを伴った「極意」として惜しみなくまとめられています。

本書により、ソフトウェア品質のマインドや取り組みの全体像を捉えたうえで、極意を参照し、繰り返し実践する中でコツを掴み、習慣化させてください。DX時代にソフトウェアの品質で価値を生み出し続けたいというあらゆるチームや組織において、手元に置いておきたい必携の一冊です。

早稲田大学 教授
日本科学技術連盟ソフトウェア品質管理研究会委員長
情報処理学会ソフトウェア工学研究会主査
IEEE Computer Society 2025 President
鷲崎 弘宜

はじめに

書籍化の背景

本書の原書は、2016年に一般財団法人日本科学技術連盟SQiPソフトウェア品質保証部長の会が、各社の品質保証部長の知恵と経験を持ち寄り作成、公開した「ソフトウェア品質保証の肝　～ソフトウェア品質保証活動に潜む煩悩を取り払う108の肝～」です。ソフトウェア品質保証の仕組みを効果的に運用するための知見を整理し、品質保証のプロセスや仕組みを理解していても、現場では教科書通りにうまく運用できずに悩んでいる品質保証担当者を対象に、これらの悩みを解決してきた事例やノウハウを掲載しました。

この原書の公開から８年が経ちました。DX／AI時代だからこそ大事にしたい普遍的な「肝（＝知見）」をブラッシュアップし、よりわかりやすく実践的な解説を加味した書籍として出版することとしました。原書の内容は温故知新の知恵が多数あるのですが、全面改訂ではなく、普遍的な知見を「極意」として絞り込んだ上で、わかりやすい文章に変えて執筆し直しました。

本書の特徴

ソフトウェアの品質を高めたいが、具体的な施策を立案できずに悩んでいる品質保証に携わる方が、「自分が抱えている悩み」から本書を紐解くことで、何らかの改善のヒントを得て新たな一歩を踏み出せるように、本書には多くの解決策を載せています。さらに、解決策については腹落ちできるように、現場の実践から得た知見を基に解説することで、リテラシーの異なるさまざまなドメインの技術者でも容易に読み進められることを特徴としています。

本書の構成

ソフトウェア品質マネジメントについて体系的に理解を深めていただくために、『ソフトウェア品質知識体系ガイド（第3版）－SQuBOK Guide V3』のソフトウェア品質の知識体系に合わせて、知識領域毎に大切な勘所（極意）が理解できるように文書構成を工夫しています。具体的には、『SQuBOK Guide』の第１章と第２章の各節を、本書では次の４つの章に分けて展開しました。なお、本書の各節に対応する『SQuBOK Guide』の節番号をSQuBOKマークで示しています。

第１章　ソフトウェア品質の基本概念

SQuBOK 1.1 ～ SQuBOK 1.3

ソフトウェアシステムは、社会を支える上で不可欠な基盤となり、継続的な維持と変革が求められ続けています。品質の概念も社会の多様化とともに変わり続けています。

そのため本章では、以降の章で解説する極意を理解する上で読者に押さえておいてほしい「品質の概念」「品質マネジメントの概念」「ソフトウェアの品質マネジメントの特徴」を身近な話題を交えて解説します。

第２章　組織レベルのソフトウェア品質マネジメント

SQuBOK 2.1 ～ SQuBOK 2.7

品質の良いソフトウェアを継続的に生み出すためには、組織的に品質プロセスをマネジメントすることが重要です。そのためには、成功や失敗からの学びを組織知として蓄積し、時代のニーズに合わせてプロセスを改善・進化させていくことが必要です。本章では、組織が時代の変化に応じてビジネスを継続的に発展させていくために必要な、組織レベルの品質マネジメントのポイントを、７つに分けて解説します。

第３章　プロジェクト共通レベルのソフトウェア品質マネジメント

SQuBOK 2.8 ～ SQuBOK 2.12

ソフトウェア製品の品質は、ソフトウェアを開発するプロジェクトが健全に実行し終結する「プロジェクト品質」が維持されなければ確保できません。そして、プロジェクト品質は、組織による支えと組織に対するフィードバックPDCAによってより良い品質を保つことができます。本章では、多様なソフトウェア開発プロジェクトのさまざまな場面で共通に必要とされる品質マネジメントのポイントを、５つに分けて解説します。

第４章　プロジェクト個別レベルのソフトウェア品質マネジメント

SQuBOK 2.13 ～ SQuBOK 2.21

顧客価値の高い成果物を高品質で開発するための知恵と工夫を、プロジェクトの各工程の「品質保証の極意」を解説することで深堀りしていきます。

なお、本章にて解説する内容は組織としての対応活動ではなく、プロジェクトの現場の当事者が各自のプロジェクトで活かすスキルとして身に付けるとよい「品質をマネジメントする」ための知見です。本章では、プロジェクトの各工程において留意すべき品質マネジメントに関して、９つに分けて解説します。

オーム社ホームページの本書紹介ページより、品質マップの例および品質管理表の例をダウンロードできます。

https://www.ohmsha.co.jp/book/9784274232305/

想定読者と活用方法

ソフトウェアの品質保証の軸となるすべての方（経営層、プロジェクトマネージャー、ITアーキテクト、ソフトウェアの開発技術者、ソフトウェアの開発責任者、品質保証技術者、および品質保証責任者）を読み手として想定しています（**表0.1**参照）。

そのねらいは、ソフトウェアの品質保証に携わる方を主たる対象とし、ソフトウェア開発現場での問題解決に役立つ「ソフトウェアの品質保証のための実践的な指南書／解説書」として新たな提言を行うところにあります。以下のような活用方法を想定して作成しました。

- **実践的な現場の知見を参考にすることで、実務で活用できる**
- **現場の悩みから紐解き、解決策のアイデアが得られる**
- **手元に置いておき、「必要になったときに必要な改善策」を探せる**
- **DX時代の新たな品質保証の基盤力の向上に役立つ**

本書が品質向上の一助となれば幸いです。

表0.1　主な読み手と使い方

<table>
<tr><th rowspan="2">知識領域
主な読み手</th><th>第1章
ソフトウェア品質の基本概念</th><th>第2章
組織レベルのソフトウェア品質マネジメント</th><th>第3章
プロジェクト共通レベルのソフトウェア品質マネジメント</th><th>第4章
プロジェクト個別レベルのソフトウェア品質マネジメント</th></tr>
<tr><td>品質の基本に立ち返る</td><td>組織として品質を保証する仕組みや考え方を理解する</td><td>複数のプロジェクトに共通する仕組みや考え方を理解する</td><td>個々のプロジェクトの工程別の品質プロセスを理解する</td></tr>
<tr><td>経営層（CQO）</td><td rowspan="4">ソフトウェア品質や品質マネジメントに関する基本的な概念と品質保証の重要性について再認識する</td><td rowspan="3">組織的に品質プロセスをマネジメントする上での悩みについて、解決のヒントを得る</td><td></td><td></td></tr>
<tr><td>品質保証責任者
品質保証技術者</td><td colspan="2">プロジェクトで標準化すべき、品質マネジメントや品質保証技術の悩みについて、解決のヒントを得る</td></tr>
<tr><td>プロジェクトマネージャー
ITアーキテクト</td><td rowspan="2">意思決定、リスク管理といったプロジェクト共通の悩みについて解決のヒントを得る</td><td rowspan="2">正しい成果物を正しく開発するためのプロジェクト個別の悩みについて解決のヒントを得る</td></tr>
<tr><td>ソフトウェアの開発責任者
ソフトウェアの開発技術者</td><td></td></tr>
</table>

書籍化に向けて

15年前、初めて各社のソフトウェア品質保証部門長が一堂に会した会合[1)]で、著名なTQM[2)]・品質管理の先生から「闘っていますか？」と問われました。その一言は、おそらく軽い挨拶のつもりだったのでしょうが、私は改めて品質保証業務が闘いであることを認識しました。

プロジェクトのリーダーやソフトウェアの品質保証部門は、プロジェクトマネジメント手法や開発プロセスの標準化、定量的・定性的な管理や監査手法など、さまざまな施策を積極的に開発現場に適用し、品質を守るために努力しています。

しかし、これらの手法を現場に適用しても、うまくいかないことがしばしばあります。「開発標準は形骸化している」「開発部門が管理や監査に消極的で、協力してくれない」「結果的に品質が向上しない」といった悩みが、冒頭のソフトウェア品質保証の会合でも議論されました。そして、「頭ではわかっていても教科書通りには実際の現場に適用できない」という悩みや、それを解決してきた多くの知恵と経験に基づいた考え方についても議論を積み重ねてきました。

本書は、これらの議論の内容を改めて整理し、解説し直してまとめたものです。ソフトウェア開発現場の生の声、本音、知恵、経験、考え方を反映しているので、一般的なソフトウェア工学の書籍とは一味違う内容になっています。本書は、ソフトウェア開発現場での実践的な視点に焦点を当てた内容です。ぜひ、読者の皆様が、自身の経験と照らし合わせながら積極的に本書を活用していただくことをお薦めします。

冒頭で引用した先生の著書[3)]には、「品質概念は目的志向の思考・行動様式にほかならない」「管理とは、その目的を達成するためのすべての活動」

と述べられています。まさに、本書で紹介している数々の「ソフトウェア品質保証の極意」は、この言葉を具現化しているものだと考えます。

読者の皆様が本書を通じて、それぞれの立場における新たな「極意」を得て、ソフトウェア品質向上の一助となることを願っています。

2024年8月吉日

文教大学　佐藤 孝司
元 日本電気株式会社上席品質プロフェッショナル
ソフトウェア品質保証部長の会1期メンバー

1) 日本科学技術連盟「ソフトウェア品質保証部長の会」（現在は「ソフトウェア品質保証プロフェッショナルの会」）
https://www.juse.or.jp/sqip/community/bucyo/index.html

2) Total Quality Management：総合的品質管理・総合的質管理

3) 飯塚悦功『マネジメントシステムに魂を入れる』、日科技連出版（2023）

目次

2.3 ソフトウェアプロセス評価と改善

2.4 検査のマネジメント

2.5 監査のマネジメント

2.6 教育および育成のマネジメント

2.7 法的権利および法的責任のマネジメント

第3章

プロジェクト共通レベルのソフトウェア品質マネジメント

3.1 意思決定のマネジメント

Column

第1章

ソフトウェア品質の基本概念

品質および品質マネジメントの概念と重要なポイント

品質とは何でしょうか？　作れば売れる時代だった高度経済成長期では、「耐久性があって故障しない」が品質でした。ソフトウェアでいうとバグがないことが品質でした。しかし、現在は社会が多様化し、製品やサービスが想定した環境で仕様通りに正しく動くことだけでなく、顧客に提供する価値や顧客満足も品質として語られるようになりました。その上、この新たな価値の創出は短サイクルで、目覚ましいスピードで進んでいるため、品質を理解することがますます難しくなってきました。

また、ソフトウェアシステムは既に社会基盤として極めて重要な位置付けとなっており、社会基盤を支える上で求められる品質とは何かを考えなくてはいけなくなってきました。この社会基盤を支える品質は多岐にわたり、継続的な維持と時代に合わせた変革が求められ続けます。

コーポレートガバナンスという観点では、日本を代表する企業においても、品質マネジメントに緩みが生じ品質不正が相次いでいます。品質保証に資する信頼される品質マネジメントを実践するために、経営者をはじめ、開発技術者、品質保証技術者、品質保証責任者が、品質マネジメントについて正しく理解し、共通認識を持つことが、まさに今、社会から求められています。

対話型生成AIをはじめとした、新技術の進化も重要な話題となっています。AIの個人利用の拡大や、専門的な知識がなくとも自然言語入力で高度な機能が実現できる利便性が、イノベーションや技術のオープン化を促進しています。反面、品質保証においては新たな脅威ももたらすため、デジタル技術の発展による機会と社会的リスクを同時に認識した上で、ルールや倫理を進化させることが求められています。

本章では、第２章～第４章で述べる実践的な「極意」への準備として、上述のような新たな技術動向や業界トレンドを含めて、読者に把握しておいてほしい「品質の概念」「品質マネジメントの概念」「ソフトウェアの品質マネジメントの特徴」を身近な話題を交えて解説します。

1.1　品質の概念

SQuBOK 1.1

1.1.1　品質の定義

品質について、統一的な定義はありません。時代の変遷とともに顧客のニーズが高度化・成熟化することで、品質の定義も変わっていくものです。

品質の本質を理解するためには、「顧客要求の把握」「要求の実現から得られる顧客満足」「ソフトウェア品質特性の評価」の３つの理解が必要です。「顧客要求」では、明示的な要求や法制度などの規制要求だけでなく、明示されない要求や、潜在的なニーズも含むことの理解が必要です。「顧客満足」では、要求の実現だけでは満足とならず、顧客の期待を超えて初めて満足となることの理解が必要です。「品質特性の評価」では、評価軸を特定しないと品質の良し悪しの評価自体ができないことの理解が必要です。

1.1.2　企業にとっての品質

企業が事業を営む目的の一つは、製品やサービスを通して、「顧客に価値を提供すること」です。「品質は市場が決める」と言われていますが、今日のように、さまざまな業界が入り乱れての競争が激化している時代においては、製品に対する顧客の期待も絶えず変化し続けています。また、同じ時代であっても、それぞれの顧客にとっての価値も千差万別となります。

このように変化し続ける期待に応えるために、企業自身が顧客のニーズを敏感にキャッチし、評価・分析を行うことが重要になってきます。

そのために重要なカギとなるのは、以下の２点です。

・暗黙的ニーズを引き出すこと

暗黙的ニーズとは、「顧客自身が気づかないニーズ」であるため、顧客に聞いても答えはわかりません。世の中の動向・顧客の価値観や行動様式を洞察し、仮説・実行・評価・学習・是正を継続的に実行していくことが必要となります。

・企業と顧客が「協働」し、価値を「共創」すること

明示的ニーズを正確に把握するため、そして、暗黙的ニーズを引き出すためには、企業と顧客が協働できるプロセスを組み込むことが必要です。協働作業（現場観察・体験・シナリオ作りなど）を前工程から意識的に導入し、通常の開発工程とは別に、顧客とのチームビルド・ユースケース設定・コミュニケーションに関する試行プロセスを計画・実施していくことが効果的です。これらの活動により、顧客と共にビジネス価値を「共創」することができます。

1.1.3 品質の考え方の変遷

以下、代表的な品質の定義について、抜粋して記載します（詳細は『ソフトウェア品質知識体系ガイド（第３版）－SQuBOK Guide V3－』をご参照ください）。

1 品質とは要求を満たすことである

(Philip B. Crosby氏)

品質はモノ作りの視点で考えてはダメ！　利用者視点で考える

品質と対になるのは要求であり、この言葉は利用者がいて初めて存在する概念です。したがって、モノ作りの品質には利用者視点が必要であると言えます。

求められる品質はソフトウェア毎に異なる

たとえば、ゲームアプリの品質は「バグがないこと」だと思いますか？ゲームのプレイヤーにとっては、「おもしろく、またやりたいと思うこと」が重要な品質ではないでしょうか。

同様に、地図アプリの品質は「移動中でも位置情報を正確に表示できること」、ネット販売サイトのソフトウェアの品質は「利用者がストレスを感じることがないような、操作性やレスポンス性能」です。

このように、求められる品質は、それぞれのソフトウェア毎に異なります。

したがって、ソフトウェア技術者はソフトウェアを自分の価値判断（作り手視点）で作るのではなく、利用者が求める品質を認識した上で作らなければ品質を高めることはできません。

モノ作りの品質は企業価値に左右される

ある開発現場で顧客から、「バグは、見つけたら直してくれればよいです。それよりも、サービス開始を１日でも早めてください」と指示されました。この顧客の要求は、バグをなくすことではなく、リリースまでのスピードを上げることです。変化する環境や顧客の優先事項や状況に合わせて素早く対応すること、つまり「アジリティが高いこと」が顧客にとっての品質なのです。

❷ 品質とは誰かにとっての価値である

（Geraid M. Weinberg氏）

品質は利用者のプロフィールを特定しないと高められない

価値観は人によって異なります。また、その人の立場や環境でも異なります。このことは要求に置き換えても同じであると言えます。

したがって、利用者の視点や立場、環境を特定しないと要求を具体化できず、品質を高めることはできません。

UX（User eXperience：利用者体験）デザイン

UXデザインでは、利用者を調査してペルソナ（仮想ユーザー）を具体化し、そのペルソナの振舞いや利用目的、利用状況を検討し、利用者理解を深めます。その上で、利用者が混乱なく利用目的を達成できるUI（ユーザーインタフェース）をデザインします。つまり、製品やサービス自体ではなく、「利用者個人の満足に焦点を当ててデザインする」ことで、利用者の生産性向上、サポート費用の削減を見込みます。品質保証部門の視点も追加してデザインすることにより、より良いUXを実現することができ、ユーザーからも満足していただけるようになります。

IoT

IoT（すべてのものがネットに繋がる）の世界がどんどん広がっています。近い将来、家電製品が頭脳となり、情報をやりとりする時代が来ます。今後は、より多様性を重視した利用者の価値も考慮しないと品質を高めることはできません。つまり、求められる品質が多様化し、さらに品質把握が難しくなっていくということです。

人間は立場や環境で価値が変わる

人は立場によって重視する価値（要求）が変わります。同一プロジェクト内でも、プロジェクトマネージャー、発注責任者、受注側責任者などの価値が異なるケースもあります。また、環境によっても感じる品質が変わります。

日本で「水の品質」を聞くと、味覚や水質と返されます。しかし、水道もないジャングルにいたとしたら、「透き通っている」だけで高品質の水だと感じるのではないでしょうか。

3 利用者が感じる品質は３段階のレベルに分かれる

（狩野モデル）

明示されなかったことでも、「当たり前品質」の不備は顧客満足度を大きく下げる

利用者が感じる品質は、「魅力的品質」「一元的品質」、そして「当たり前品質」の３段階のレベルに分かれます（**図1.1**参照）。

狩野モデル

狩野モデルは、東京理科大学名誉教授の狩野紀昭氏によって提唱された品質の概念を表すモデルです。製品やサービスがもたらす物理的充足状況と顧客の心理的満足感の関係がグラフ化されています。このモデルは品質の本質に対して理解を深める上で重要な観点を提言してくれています。

利用者は期待を超えた製品やサービスを利用すると高い満足度を得て、その製品やサービスに魅力を感じます。これが「魅力的品質」です。反対に、

期待して当たり前の機能が欠落している、または普通に使っていて不具合が生じるような製品やサービスには、大きな不満を感じます。これは「当たり前品質」を満たしていない状態です。

そして、同じ機能を持つ製品やサービスでも、より高度な機能がある、または機能にバリエーションがあるなど、利用者の期待やニーズに応える機能

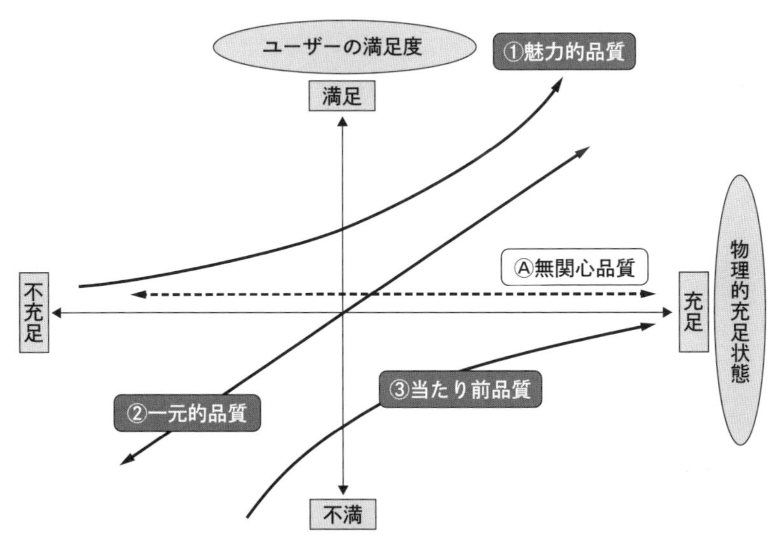

	利用者が感じる品質の3段階のレベル	
①魅力的品質	あれば満足、なくてもよい それが充足されれば満足を与えられるが、不十分であっても仕方がないと受け取られる品質要素	Ⓐ【無関心品質】 あっても、なくてもよい それが充足されても、不十分であっても満足に関わらない品質要素
②一元的品質	あれば満足、なければ不満 それが充足されれば満足、不十分であれば不満を引き起こす品質要素	
③当たり前品質	あって当然、なければ不満 それが充足されれば当り前と受け取られるが、不充分であれば不満を引き起こす品質要素	

図1.1 「魅力的品質」と「当たり前品質」

[魅力的品質と当たり前品質、品質/日本品質管理学会、Vol14、No2、p39-48、1984] を参考に筆者作成

の多さ、質の高さに比例して満足度が上がるのが「一元的品質」です。一方、機能の多い少ないに対して満足感が左右されないのが「無関心品質」です（それぞれの品質レベルの定義については、**図1.1**参照）。

「当たり前品質」は明示されなくても実装する必要がある

私たちは、多種多様な業界のソフトウェアシステムを開発します。官公庁のシステム、銀行オンライン、物流のシステム、CADシステム、店舗のPOSシステム、会計ソフト、ゲームアプリなどさまざまです。

このようなシステムを利用する業務に従事している方は、熟練した業務知識を持っています。業務上当たり前のことは、あえて言わなくても当然システムに実装されると期待します。事前に顧客の業務について理解することは重要です。たとえば、財務会計や労務管理などの業務知識の内、法律で定められている事柄は、一般常識として学習することが可能です。このような業務知識を事前に習得しておくことも、ソフトウェア技術者として必要なことです。

「当たり前品質」は満たさなければ利用者にとって不利益となる

要件に置き換えても同じです。事前に確認していなくても「当たり前品質」は満たさなければ利用者にとって不利益となります。最近の飲食店やショッピングセンターでの支払方法を事例として説明します。買い物をした際の支払いは、さまざまな方法に対応している必要があります。クレジットカードだけではなく、スマホアプリを使用した決済、電子マネーなど、顧客の利用を想定したキャッシュレス決済方法を網羅していないと、販売の「機会損失」に繋がる可能性があります。

なお、ビジネス上は「当たり前品質」に関しても、合意内容を仕様書などで文書として残しておくことが重要となります。

4 利用者が感じる品質は下がり続ける

（狩野モデル）

感じる品質は下がり続け、要求レベルは具体化とともに上がり続ける

品質が良い悪いという感覚は、利用者の主観的な感覚でしかありません。また、この主観的な感覚は一時的な感覚であり時間とともに変わり続けるものだと言えます。

感じる品質は下がり続ける

自動車を例に説明します。初めて自動ブレーキ（衝突被害軽減ブレーキ）のCMを見たときに「凄い！」と驚き、「魅力的品質」を感じた方も多いでしょう。それまで自動ブレーキ自体にニーズを感じていなかった方にとってそれは「無関心品質」だったのです。現在は、高級車ほど自動ブレーキに関する先進安全装備の選択肢が広がります。言い換えると、価格が高いほど一元的に安全性能も充実しています。つまり現在の自動ブレーキは「一元的品質」です。

また、道路交通法の改定で国産の新型車は2022年11月に自動ブレーキが義務化されました。自動ブレーキは「当たり前品質」になりつつあります。つまり、利用者が感じる品質は時間とともに下がるので、それに応じた価格設定等で「感じる価値」を上げる努力が必要です。

具体化すると、真の要求に気づき、要求レベルが上がる

要求を提示した側（顧客）は、要件が具体化されて初めてその要件が自分の要求を満たすかを判断することができます。さらに、満たされていた場合には潜在ニーズに気づき、要件の内容レベルをさらに上げてきます。したがって、顧客の言うことが前回の打合せ内容と変わっても、前向きに捉え、「自分が顧客の新たな潜在ニーズを引き出したのだ」と思うことが肝要です。

品質の本質

当初は「魅力的品質」だった製品が、年月とともに「当たり前品質」に変わっていくことは珍しくありません。利用者が感じる品質は、時間の経過やトレンドなどにより変化するものだからです。また、人によって、感じる品質も異なります。これが品質の本質なのです。このように、利用者が感じる品質を敏感に察知して、製品開発に反映させることが重要です。

5 品質を確保するには品質特性を特定する

（ISO/IEC 25000）

品質自体を定義しないと、確保すべき品質が欠落する

顧客への品質を担保するためには、組織として確保すべき品質特性の特定が必要です。プロジェクトだけに任せていると、致命的な障害を防ぎきれないかもしれません。もし、致命的な障害を起こすと、メディアは「未必の故意」として不祥事を報道する可能性が高くなります。したがって、組織が大切にしている「変えてはいけない品質特性」を特定し、明示する必要があります。

■SQuaRE (Systems and software Quality Requirements and Evaluation)

品質評価のための国際規格として「品質特性」が策定されています。「SQuaRE」はISO/IEC 25000の通称です。**表1.1**を活用して、製品品質だけでなく、利用時の品質やデータの品質も明確化しましょう。

表1.1 ソフトウェア品質評価規格．ISO/IEC 25000（JIS X 0129、0133）

	品質特性	品質副特性
製品品質モデル	機能融合性	機能完全性、機能正確性、機能適切性
	互換性	共存性、相互運用性
	セキュリティ	機密性、インテグリティ、否認防止性、責任追跡性、真正性
	信頼性	成熟性、可用性、障害許容性（耐故障性）、回復性
	使用性	適切度認識性、習得性、運用操作性、ユーザーエラー防止性、ユーザーインタフェース快美性、アクセシビリティ
	性能効率性	時間効率性、資源効率性、容量満足性
	保守性	モジュール性、再利用性、解析性、修正性、試験性
	移植性	適応性、設置性、置換性
利用時品質モデル	有効性	有効性
	効率性	効率性
	満足性	実用性、信用性、快感性、快適性
	リスク回避性	経済リスク緩和性、健康・安全リスク緩和性、環境リスク緩和性
	利用状況網羅性	利用状況完全性、柔軟性
データ品質モデル	正確性、完全性、一貫性、信憑性、最新性、アクセシビリティ、標準適合性、機密性、効率性、精度、追跡可能性、理解性、可用性、移植性、回復性	

1.2 品質マネジメントの概念

1.2

ISO 9000では、品質マネジメント（quality management）とは、「組織を指揮し、管理するための調整された活動」であり、その主眼は「顧客の要求事項を満たすことおよび顧客の期待を超える努力をすること」と定義されています。[ISO 9000:2015]

また品質マネジメントは、次の概念を包含する用語です。

- **品質方針（quality policy）および品質目標（quality objective）の設定**
- **品質計画（quality planning）**
- **品質保証（quality assurance）**
- **品質管理（quality control）**
- **品質改善（quality improvement）**

急激なビジネス環境の変化に柔軟かつ臨機応変に適応しながら、高い顧客満足を獲得できるような製品・サービスを提供するためのプロダクト品質。それを利用した顧客の価値の向上や便益も含んだ「品質」を実現するには、プロダクトだけでなく、それを生み出すプロセスの「品質」の向上も重要です。そのようなビジネスを継続的に成功させ、組織も発展していかなくてはなりません。

本節では、組織として良い「モノ作り」を実現するために必要な「品質保証」と「改善」の考え方を説明します。

1.2.1 品質保証の考え方

品質保証には「プロダクト品質」と「プロセス品質」の２つの方法があります。

一つは「プロダクト品質」です。プロセスのアウトプットであるプロダクト（製品やサービス等の成果や結果）の品質を直接確認する方法です。代表的な手法として「検査」がありますが、これは出荷基準を満たさない「不適合品」を検出することはできても、不適合品の生成を防止することはできません。

このためにもう一つの方法として「プロセス品質」があります。プロセスとは、インプットを使用して意図した結果（アウトプット）を生み出す相互に関連するまたは相互に作用する一連の活動です。[ISO 9000:2015　3.4.1 プロセス（process）]

プロダクトを作る過程（プロセス）の実行状況を監視することによって、品質が確実に作り込まれていることを確認する方法です。

プロセスは、さまざまな業務の中にあり、複数のプロセスが相互に繋がり、作用します。

組織の品質方針および戦略的な方向性に従って、意図した結果を達成するために、プロセスおよびその相互作用を体系的に定義し、マネジメントすることをプロセスアプローチと言います（**図 1.2** 参照）。[ISO 9001:2015　序文 0.3　プロセスアプローチ]

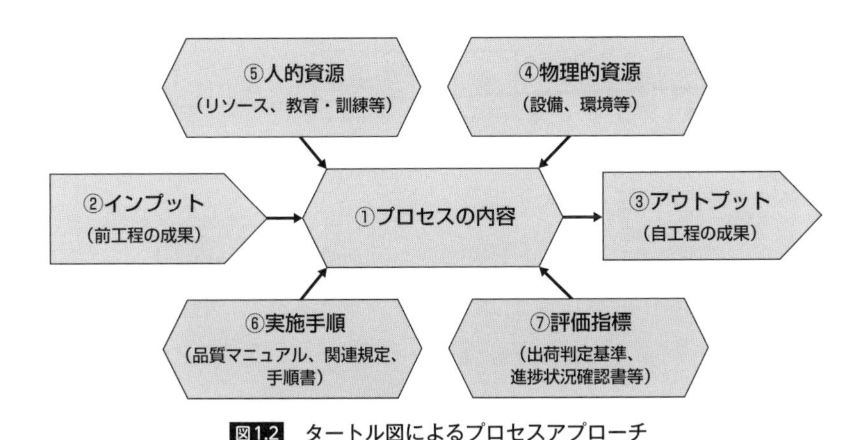

図1.2　タートル図によるプロセスアプローチ

1.2.2　PDCAと改善の考え方

改善は、PDCAを回しながら行うことが効果的です。

1 PDCA

組織の改善ループを回す品質マネジメントは、事業経営レベル、部門運営レベル、プロジェクト運営レベルで目的が異なります。また、開発現場の改善ループを回すためのプロジェクトマネジメントとの違いを正しく認識する必要があります。

組織レベルでは、組織の実情とかけ離れないように、組織の身の丈に合った過不足のない品質マネジメントを構築・運用することが大切です。

現場レベルの品質マネジメントでは、「品質の実態を計画と比較して、もし乖離があれば是正する活動」を実施可能にする定義が必要です。「計画がないと品質を管理することができず、是正ができないとマネジメントされている状態とは言えない」という定義です。この定義から、品質マネジメントには、「品質計画」「品質管理」「品質改善」の活動が必要なことがわかります。品質マネジメントの目的も考えると、「品質保証」の活動も必要です。

図1.3に事業経営、部門運営、プロジェクト運営のPDCAの一例を示します。

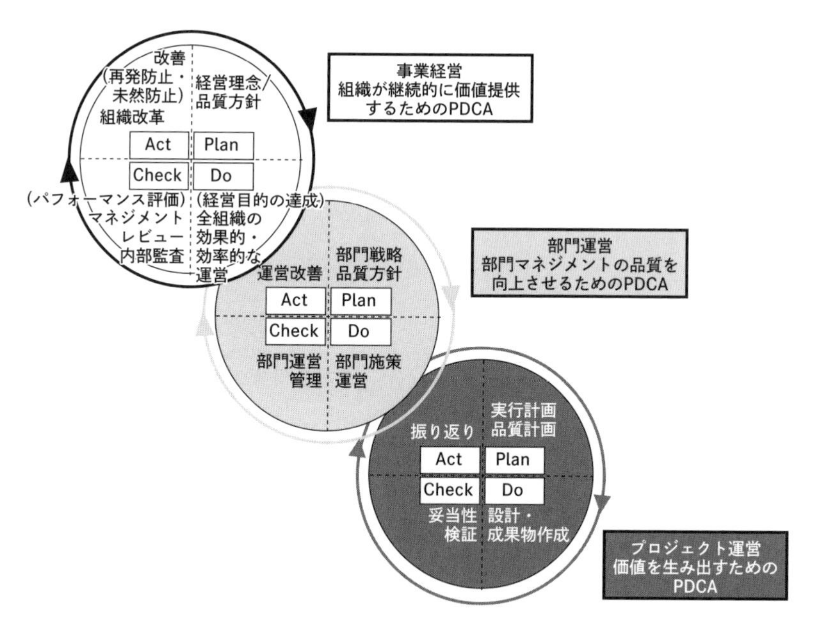

図1.3 組織階層別のPDCA

2 改善（カイゼン＝KAIZEN）

日本企業における業務改善といえば、トヨタの「カイゼン」が最も代表的な理論です。「改善」ではなく「カイゼン＝KAIZEN」と表します。「改善(improvement)」とは「悪いところを改め良くする」という意味ですが、「カイゼン＝KAIZEN」は「現状に満足せず、自ら問題に気づき、継続的に改善することで、より良い状態へ変化し続ける」という意味が含まれています。このため海外でも「KAIZEN」という言葉が使われています。

カイゼンの目的は「プロセスを継続的に改良して、無駄を排除すること」です。ここでいう無駄とは「時間の非効率な使い方やプロセスの重複」を指します。カイゼンは全員参加で行うもので、ソフトウェアの品質保証において、特に重要なものです。

「モノ作り」の現場を「人作り」の現場に変える

モノ作りの改善活動のキーワードである「現地現物」「小集団活動」「全員参加」「組織活性化」は重要な考え方です。また、改善活動は業務の付帯的なものではなく、業務そのものと考えて習慣化することが大切です。改善は大袈裟に考えず、明日にでもできること、すぐに変えられることから始めることで、無理なく進められます。

振り返り

改善に向けて最も重要なのが「振り返り」です。振り返りは、単に個人が過去を反省することではありません。次の計画をさらに目標に近づけるために、チームや組織で現場の悩みや知恵を共有することで改善意識を呼び覚まし、振り返りを意識改革の場にすることが重要です。また、振り返りでの気づきは「やらされ感の排除」に繋がり、成長を実感できる「人作りの場」に変えることができます。この蓄積が「再発防止」「未然防止」「品質文化の醸成」に繋がるのです。なお、振り返りの場は、日次、週次、月次での気づきの反映、工程移行時やプロジェクト終了時での計画や見積りの見直しなど、日常業務に組み込むことを勧めます。

1.3 ソフトウェアの品質マネジメントの特徴

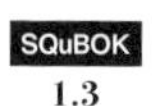

ソフトウェアの品質マネジメントの特徴を、ソフトウェアの設計や障害などの特性と併せて説明します。

1.3.1 ソフトウェアの設計や障害などの特性

ソフトウェアの設計は、ハードウェアの設計とは異なり、物理化学的法則や空間的干渉の考慮が不要なため、自由度が高くなります。また、ソフトウェアの仕様は自然言語で記述されることが多いため、曖昧性が高く矛盾を引き起こしやすくなります。

さらに、ソフトウェアは論理の集合体であるため、外部仕様である「働き」とそれを実現する内部仕様の関連付けが難しく、それがソフトウェアを変更する際の難しさの本質となっています。たとえば、保守や仕様変更などでソフトウェアが更新される際に、「悪化（デグレード：degrade）」することがあり、ソフトウェアの一部を変えた場合の影響範囲をすべて把握するのは極めて困難です。

また、ソフトウェアには測定すべき物理特性がほとんどないため、ソフトウェア製品に求められる特性やソフトウェア開発プロセスの特徴を考慮して測定・評価の対象を選びます。

ソフトウェア障害は同一条件下で必ず発生するため、ハードウェアで用いるMTBF（Mean Time Between Failures：平均故障間隔）や故障率などの指標で単純に信頼性を表すことができません。ソフトウェア障害の体系化のためには、障害の原因調査、影響評価を行い、ソフトウェアの故障モードを抽出する取り組みが欠かせません。

このようなソフトウェアの開発は人間の知的作業によって行われるため、その質にはモチベーションが大きく関係します。やりがいや快適と感じる環境が求められ、チームワークやリーダーシップ、コミュニケーションが重視されます。

1.3.2 ソフトウェアの品質マネジメントの特徴

ソフトウェア品質マネジメントには、ソフトウェアエンジニアリングの充実が求められます。たとえば、デザインパターンなどを用いて設計の自由度をコントロールし、品質向上に寄与する指標を検討します。また、障害を分析することにより、故障モードのようなソフトウェア開発の「悪さ」の知識を抽出、体系化、蓄積します。さらに、開発者が快適さを感じられる環境を提供することも重要になります。

また、近年のソフトウェアを取り巻く動き、たとえば開発手法や技術の進化は、ソフトウェアの品質マネジメントにも影響を及ぼしています。開発手法として、顧客が価値を確認できるレベルのソフトウェアを素早く作り頻繁に価値の検証を繰り返すアジャイル開発、できる限りコードを書かずに短期間でソフトウェアを開発するローコード開発などがあります。技術の進化として、AIやIoTなどの新技術を組み込んだ開発、セキュリティ脆弱性への対応などもあります。

ここでは、ソフトウェアの品質マネジメントを行う場合に基本として理解しておきたいことの内、4つの考え方を紹介します。

1 プロダクト品質とプロセス品質

プロダクト品質およびプロセス品質は、ソフトウェア製品のライフサイクルにおける品質を、製品そのものと過程の2つの側面で捉えたものです。図1.4にこれらの関係性を示します。

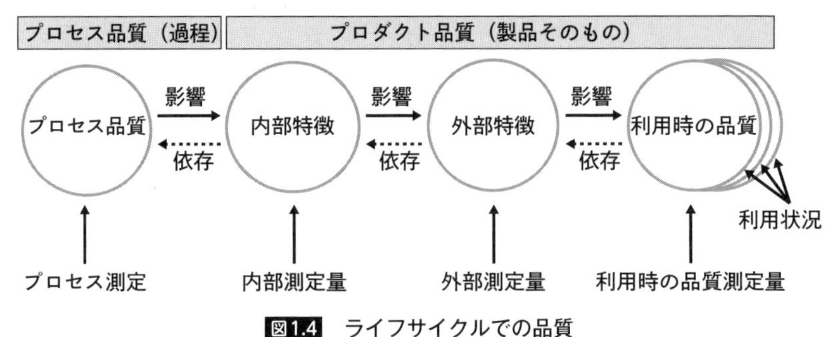

図1.4 ライフサイクルでの品質
［JIS X 25010：2013, p.31, 図C.2］を参考に筆者作成

プロダクト品質（ソフトウェア製品そのものの品質）は、「内部特徴（中間製品の静的な測定量）」と「外部特徴（実行時の振る舞い）」と「利用時の品質」を測定することにより評価します。これらの3つは、相互に依存・影響の関係にあります。仕様の間違いやプログラムの誤りなどは、プロダクト品質のバラツキとして品質管理手法で制御します。また、ソフトウェアの仕様や機能の品質は、上流工程の企画や設計で作り込みます。

プロセス品質は、「プロセス能力」や「工程能力」、「工程性能」と呼ばれることもあります。これは、プロセスの品質をアウトプットのバラツキとして捉え、このバラツキを収束させることによりプロセスの安定した結果を保証できると考えているためです。プロセスのバラツキの管理は、プロセスの成果物の障害だけではなく、コストや納期なども対象となります。バラツキを収束させる活動として、プロセスの改善活動を行います。

2 品質作り込み技術の考え方

品質作り込み技術とは、成果物を作成する過程で品質を確保するために工夫を行い、あとに続く工程に障害を流さないようにするという考え方に基づく技術です。したがって、ソフトウェア作成後に評価を行うテストとは考え方が異なります。

モデルを用いたシミュレーションは、実装前にシステムの振る舞いを確認できる点で、開発中に品質を作り込む方法の一つです。モデルとは、状態遷移図やER図（Entity Relationship Diagram：実態関連図）などのように、図や数式、表などを用いて、認知したい構造や振る舞い、現象などの特徴を抜き出し抽象的に表現したものです。要求分析や設計工程で、対象をモデル化してシミュレーションなどによる検証を実施することにより、要素間の干渉や矛盾を明らかにして実現可能性を評価できます。モデルを活用する際には、モデルの活用から得られる効果や工数にも配慮し、重要な部分や効果が期待できる部分に適用することが重要です。

ソフトウェアパターンの適用も、開発中に品質の作り込みを期待できる方法の一つです。ソフトウェアパターンとは、ソフトウェア開発の工程などで繰り返される問題、および、それに対して繰り返し適用されてきた熟練者による解決策をまとめて抽象化し名前を与えたものです。分析や設計、実装に利用できるソフトウェアパターンには、適用対象や特性により、デザインパターン、アーキテクチャパターン、アナリシスパターンなどがあります。他に、開発プロセスやマネジメントのパターン、セキュリティ、データモデル、ユーザーインタフェースなどの各側面のパターン、さらには、クラウドやIoTなどの特定の技術領域におけるパターンも知られています。

3 システムおよびソフトウェアの測定と評価の考え方

ソフトウェアの品質を定量的また定性的に可視化して管理可能とするために、測定の実施が不可欠です。測定の目的と方法や尺度の定義、選択、適用、改善に必要な手順を測定プロセスと言います。測定の妥当性や必要性を、真の目的に照らして絶えず測定プロセスを見直し続け、形骸化しないようにすることが大切です。なお、測定を本格的、体系的に導入するためには、多くの工数が必要になることも考慮しておきます。

ソフトウェア製品の品質を向上させるためには、製品の品質上の属性を測定し、測定結果を活用した品質評価を行います。品質評価を行うためには、評価結果の良し悪しを判断する根拠となる要求事項をあらかじめ明確にし、評価プロセスを確立しておきます。そして、その評価結果から改善のための処置をとり、さらなる製品の品質向上に繋げます。要求事項は、たとえば、ISO/IEC 25010やISO/IEC 25012にまとめられた汎用の品質モデルを用いることにより、品質特性や品質副特性を網羅的に定義できます。あるいは、個別の評価目的に応じた要求事項を定義することも可能です。

4 V&V（検証と妥当性確認：Verification & Validation）

V&Vは、仕様適合性（正しく作れていること）を確認するVerification（検証）と、ニーズ充足性（正しいものを作れていること）を確認するValidation（妥当性確認）という観点の異なる2種類のプロセスの総称です。

V&Vの利点として、リスクが高い問題の早期発見、システム要求に対する成果物の評価、品質と開発進捗状況に関する情報の継続的な共有、システムの出来栄えが順次見えることによるユーザーとの早期調整が挙げられています。V&Vで用いられる技法として、レビューやテストなどがあります。

また、開発組織から技術面や管理面および財務面で独立した組織がV&Vを実施するIV&V（Independent V&V）があり、実施例として、NASA（米国航空宇宙局：National Aeronautics and Space Administration）が有名で、日本でもJAXA（宇宙航空研究開発機構：Japan Aerospace Exploration Agency）において展開されています。

第2章

組織レベルの
ソフトウェア品質マネジメント

組織的に品質マネジメントを深化させるポイント

品質の良いソフトウェアを継続的に生み出すためには、組織的に品質プロセスをマネジメントすることが重要です。そのためには、成功や失敗からの学びを組織知として蓄積し、時代のニーズに合わせてプロセスを改善・進化させていくことが必要です。

本章では、組織が時代の変化に応じてビジネスを継続的に発展させていくために必要な、組織レベルの品質マネジメントのポイントを、以下の7つに分けて述べます。以降、品質マネジメントシステムをQMS（Quality Management System）と称します。

2.1 QMSの構築と運用
2.2 ライフサイクルプロセスのマネジメント
2.3 ソフトウェアプロセス評価と改善
2.4 検査のマネジメント
2.5 監査のマネジメント
2.6 教育および育成のマネジメント
2.7 法的権利および法的責任のマネジメント

2.1 QMSの構築と運用

SQuBOK 2.1

組織として品質を保証するマネジメントの仕組みの構築と運用の極意

極意01 QMS構築は組織の責任分担を明確にする

極意02 組織の品質目標達成が品質保証活動の目的

QMSの構築と運用とは、顧客の要求事項や社会の環境変化に対して的確・タイムリーに対応し、顧客の満足が得られる高い品質を組織的に保証するために、各業務のプロセスの品質を組織的に保証するマネジメントの仕組みやルールを整備し運用することです。品質マネジメントには、「品質方針及び品質目標の設定、並びに品質計画、品質保証、品質管理及び品質改善を通じてこれらの品質目標を達成するためのプロセスが含まれ得る」［出典：JIS Q 9000：2015（ISO 9000：2015）］と定義されています。品質を確保したソフトウェア製品・システム・サービスを創出することが常に求められています。このため、特に規模が大きなソフトウェア開発や、複数のベンダーが関わるシステム構築等では、要件定義段階などの上流工程から、進捗状況や想定リスクを管理し、開発計画作成工程以降では、品質確保状況を可視化していくための組織的な管理が求められます。

2.2 ライフサイクルプロセスのマネジメント

SQuBOK 2.2

ソフトウェアやシステムの構想から廃棄までの活動をモデル化し、プロジェクトに合わせてテーラリングする極意

極意03 標準プロセスはテーラリングをしてこそ使える

ソフトウェアライフサイクルのマネジメントとは、ソフトウェアやシステムの構想段階から廃棄に至るまでの一連の活動のことであり、ソフトウェア開発部分をモデル化したものをプロセスモデルとして定義しています。プロセスモデルはウォーターフォールモデルに代表されますが、派生モデルとして反復型開発、プロトタイピング、スパイラルモデル、アジャイル開発などが挙げられます。

開発を行うプロジェクトの形態、特徴に応じて、どのプロセスモデルを選択し、いかにテーラリングしていくかが、品質を確保するためのカギとなります。

2.3 ソフトウェアプロセス評価と改善

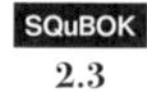

質の良いソフトウェアやシステムを生み出すプロセスを評価・改善するための極意

極意04 現場の成熟度は段階的に一歩ずつ進める

極意05 真の原因を究明し、水平展開しないと再発は止められない

ソフトウェアプロセスの評価と改善とは、プロジェクトに適用したプロセスモデルに対してアセスメントを行うことで、継続的に改善を図っていくことを言います。このようにプロセス改善の代表的なモデルとしては、CMMI（能力成熟度モデル統合：Capability Maturity Model Integration）や、ISO/IEC 33000シリーズ、TMMi（テスト成熟度モデル統合）が挙げられます。

しかしながら、現実のソフトウェア開発組織で継続的にプロセスを評価し、改善を図っていくためには、プロセスモデルによるアセスメントのみならず、さまざまな業種や開発形態に応じたアレンジが必要になってきます。実際のプロジェクトでは、開発中の品質トラブルや、顧客からのクレーム、稼働後の事故発生などさまざまな問題が発生するものであり、これらの状況を定期的に記録、分析し、世の中の動向も踏まえた上で、定点観測として、期毎または年度毎に評価と改善を行う組織的行動も必要となってきます。

2.4 検査のマネジメント

SQuBOK 2.4

時代の変化を受けて、検査を変えていくための極意

極意06 時代の変化に合わせて、検査自身も変わる

極意07 品質保証部門の成果は、出荷後に判断される

ソフトウェアの検査の目的は、製品・サービスを顧客に提供してよいかど

うかの合否判定にあります。

技術の進歩は加速しており、近年はデジタルトランスフォーメーション(DX)が要求される時代や、先の見えないVUCAの時代と言われており(詳細は**極意06**で解説)、「出来上がったモノをテストして品質評価する」という従来のソフトウェア検査のやり方では社会の要請に応えられなくなっています。

検査に求められる役割は、出来上がりの品質評価から、開発過程の品質評価に変わってきており、品質評価の対象もモノ自体からモノが実現するコトにまで拡大しています。

変化した検査活動の結果を評価するためにはどうすればよいかを再検討する必要があります。その際には、市場に提供後の状況を確認して評価すべきです。不具合の数だけでなく、お客様の満足度まで含めて計測し、評価できる仕組みや制度を整えなければなりません。

2.5 監査のマネジメント

SQuBOK 2.5

組織の継続的な成長を促すために監査を活用する極意

極意08 監査を技術伝承の場、顧客や社会にアピールする機会と考える

極意09 監査結果の指摘事項はリスクと共に伝える

品質プロセスの監査は、対象となる活動やプロセスが、組織の定めたルールや基準をどの程度遵守しているかを評価するだけでなく、ルールや基準そのものが組織の継続的な発展に有効に機能しているかを、具体的な証跡をもとに客観的、体系的に評価するものです。

ただ評価するだけではありません。評価の結果から、組織の品質プロセスの改善に繋がる課題を見出すことで、組織のリスクヘッジに繋げたり、良い点を水平展開して、組織の強みや技術の伝承に活用することも監査の大切な視点です。

昨今は、品質プロセスの有効性やQCD（品質、コスト、納期）の重視だけでなく、それに加えてセキュリティ、法規制の遵守、労働管理等の健全性が重視されるようになってきました。また、品質面だけでなく、組織が社会や環境にも責任を持って経営しているかが問われており、「取引先のサプライヤー監査（CSR監査）」が行われるのもその表れであると考えられます。

2.6 教育および育成のマネジメント

SQuBOK 2.6

教育を定着させ、学んだ内容を仕事に活かすための極意

極意10 事業戦略として教育を定着させる

極意11 自ら考える機会を与えてこそ人は育つ

品質の良いソフトウェアを開発するためには、その作り手である人材の育成を推進することが重要です。教育計画を立案し、それに則ったカリキュラムを作成し、対象者を選定して受講してもらうことが必要です。

しかし実際は、品質に関する教育となるとなかなか受講してもらえない、受講しても組織への貢献が見えず上司が受講を後押ししにくい、また、受講者本人への効果が現れないといった悩みがあります。経営層に教育の重要性について認識していただいた上で、受講しやすい制度や環境作り、受講したら終わりではなく組織への貢献が見えるまで上司がフォローアップすることが必要となります。

また、教育で学んだ内容を仕事で活かすためには、受講した本人が何をすべきか気づくことが大切です。そのために講師からの一方通行ではなく、教え方に工夫をしている会社もあります。

2.7 法的権利および法的責任のマネジメント

SQuBOK 2.7

組織として法令遵守に取り組む守りと攻めのガバナンスの極意

極意12 現場が認識を持つべき法規制を明示する

極意13 セキュリティに関わる訴訟の判例を押さえる

法的権利および法的責任のマネジメントとは、法規に対して適切な対応を図るマネジメントです。

DX時代は、エコシステムの高度化に伴い、利害関係者間の責任分担や契約関係も複雑化の一途をたどっています。欧州製造物責任指令（PLD）の改正案（2022年9月）では、ソフトウェアプロバイダーや、製品の動作に影響を与えるデジタルサービスのプロバイダーも製造物責任を負う可能性があり、ソフトウェアを対象とする法規制が広がりを見せています。

対話型生成AIの登場で、パーソナル領域でもAIの利活用が進み、個人情報を含んだデジタルデータがIoTシステムで大量にやりとりされ、基本的人権やプライバシー保護観点からも、法的権利や責任分担の明確化が求められています。このような背景から、DX時代のコト作りを支えるソフトウェア品質保証において、法的権利や法的責任のマネジメントがますます重要になっています。

極意01

QMS構築は組織の責任分担を明確にする

QMSを構築するにはどのようにすればよいのでしょうか？

この悩みに回答するにあたって、ISO 9001におけるQMS構築に向けたステップを解説するのが一般的ですが、本書では品質保証部門の立場から、QMS構築にあたって何から始めるべきなのか、どのような意識を持つべきなのかなどを解説します。ここでいうQMSとは、組織の大小にかかわらず、組織全体が品質にしっかり取り組み、形骸化しないよう継続的に維持、改善していくための仕組みを指すものです。たとえばISO 9001の認証取得のみを目的としたものではありません。

QMS構築の詳細に先立って、「品質文化」という言葉を取り上げます。「品質文化がある」とは、「品質を優先する姿勢、考え方、行動が組織全体に浸透している状態」を言います。品質保証部門の重要なミッションの一つは、組織全体に品質文化が根付くような活動を継続的に推進していくことです。

品質文化を組織に浸透させていくためには、経営幹部からのトップダウン、現場からのボトムアップの両面で作っていくことが重要です。トップダウンで品質に関する方針を明確にした上で、QMSを構築し、ボトムアップ活動によりPDCAサイクルを回して、QMSを納得できるものにしていきます。

ヒント1 経営トップからの品質方針発信から始める

QMSを構築するにあたり、まず初めに経営層から品質を最重要視するメッセージを発信してもらうようなトップダウンアプローチが有効です。組織によっては、業績至上主義的な風土が存在する場合もあります。そのような場合、品質保証部門は経営層に「業績も納期も、品質が確保されていなければ達成できないものである」というメッセージを発信してもらうように働きかけることが重要です。

(1) 品質保証部門が品質方針の案を作成する

たとえばISO 9001の要求事項には、「トップマネジメントは、品質方針を確立し、実施し、維持しなければならない」とあります。品質方針とは、組織が企業活動のあらゆる決定を下すときの基準とすべき品質に対する考え方であり、経営トップによって社内外に表明するものです。ISO 9001認証取得に関わりなく、また組織の大小にかかわらず、QMS構築に取り組む場合、品質保証部門またはその役割を担うメンバーが、品質方針の案を作成し、その必要性やメリットを経営幹部に説明して、経営トップから品質方針を出してもらうよう活動することが肝要です。

(2) 経営トップから発信する品質方針の例

経営トップから発信する品質方針は、組織全体で品質をどのように重要視しているかが簡潔に伝わる内容であることが望ましいです。次の品質方針例のように、品質に対する優先度が表れていると伝わりやすくなります。

- **品質方針例１：品質第一、お客様に満足いただけるソリューションを提供しよう**
- **品質方針例２：安全・安心な製品・サービスを提供する**
- **品質方針例３：当社はあらゆる企業活動において品質を重視する（品質は納期やコストよりも優先する）**
- **品質方針例４：お客様の立場に立った適正な品質の製品とサービスを提供する**

このように品質方針を掲げた上で、その方針に準拠するための組織的な行動をその下の階層で補足的に書き表すことで、組織全体の従業員が品質方針を実現する具体的な行動に結びつけることが期待できます。

たとえば、次のようなものが挙げられます。

- **トラブル0を目指した信頼される製品とサービスの提供**
- **トラブル発生時は復旧を最優先に考えた迅速かつ誠意ある対応**
- **計画および上流工程からの品質確保**

(3) 経営トップに働きかけるための品質保証部門の行動

まだ品質方針が設定されておらず、品質文化も醸成されていない組織の場合、品質保証部門は、現場に対して品質を優先する主張が通らず、品質保証部門は、さまざまな局面でストレスを感じることがあります。そのような場合は、次のような活動を通じて経営トップの理解を得ることで、組織の品質文化を醸成し、品質保証部門のプレゼンス向上にも寄与できます。

- **品質方針の案策定とその必要性や組織へのメリットなどを役員会議において提案する**
- **毎月の役員会議で品質状況を報告し、トラブル未然防止のための活動の必要性を訴求し、理解を得る**
- **品質問題が発生した部署に対する改善指示を行うための枠組みを構築し、全社への適用を提案する**

ヒント2 ボトムアップ活動を推進する

経営幹部からのトップダウンメッセージに加え、現場によるボトムアップ活動により、現場がより納得できるQMSに近づけていきます。そのために品質保証部門が、現場に定着できる活動を展開し、牽引していくことが重要です。具体的には、全社運動や品質に関するテーマに基づいた各種ワーキンググループなどを課題解決に向けて立ち上げます。

組織全体で品質を重視する品質文化を醸成するにあたり、推進役となる品質保証部門は「何としても品質文化を根付かせる」という強い思いを持つことが重要です。そのためには、品質保証部門内でも以下のような点に留意した行動をとることが大切です。

- **品質保証部門内にて、品質文化醸成活動を推進することに対するキックオフ実施**
- **経営幹部に働きかける上位役職層だけではなく、現場メンバーにてワーキンググループを立ち上げるなどのボトムアップ活動も併せて実施する**

また、開発現場から「余計な仕事が増える」と反発を受け、品質保証担当者が板挟みになり悩むことも想定されます。このような醸成活動において、品質保証部門の管理者は、担当者とよく状況を確認し、推進側内部のコミュニケーションの頻度をより一層上げるような配慮が重要です。

ヒント3 プロセス改善、PMO、プロセス監査という3つの役割を設定する

組織が推進する事業に対して、品質を重視したプロセスとしていくためには、その組織に対してQMSを構築していく必要があります。

QMSを構築するにあたり、主に３つの役割を設定します。

- **プロセス改善：プロセスを規定し、問題があれば改善する役割**
- **PMO（Project Management Office）：業務現場において、規定したプロセスの実施に則り推進する役割**
- **プロセス監査：客観的な視点でプロセスの実施に問題がないかを確認する役割**

加えて、これら３つの役割またはそれを担う組織が、互いに連携しフォローし合う関係を構築する必要があります。ただし、小さな組織や経営層の理解度などから、これらの役割が簡単にバランスよく設定できるとは限りません。このような場合、少なくとも何から始めるべきかについて、次の視点が解決の助けとなります。

(1) 業務の流れを整理の上、プロセスを定義する

プロセス改善を行うためには、組織全体で、業務プロセスが規定されてい

ることが出発点です。プロセス名やその解釈が関わる人によって違っていると組織としての改善が行えません。たとえばソフトウェア開発業務では次のようなプロセスが考えられますが、これらが組織内で共通語となっていることが重要です。

例）要件定義、業務設計、システム方式設計、アプリケーション方式設計、プログラミング、組合せテスト、連動テスト、受入れテスト、システムテスト、総合テスト、運用テスト、移行など

(2) 組織の規模によって、３つの役割の分担のあり方を考える

大きな組織であれば、プロセス改善、PMO、第三者監査をそれぞれ組織化することも可能である場合が多いのですが、組織によっては、このような役割を同一部署で担うこともあります。たとえば、次のような役割を設定し機能させることを考えます。

- **プロセス改善は、現場を含めた横断的ワーキンググループを作り、改善ポイントを定めて取り組んでいく**
- **PMOは、経験豊富な要員としてシニア活用も検討する**
- **プロセス監査は、監査観点を整備した上で、異なる事業部門が相互に監査を実施する**

(3) ３つの役割の活動内容を互いが共有し、連携する場を作る

プロセスの問題検出と改善のためには、３つの役割が大切ですが、業務現場は同じような指摘を複数の役割から受けることにもなりかねません。そのような場合、開発現場との信頼関係が崩れていくことがあります。このため、３つの役割の活動内容を互いが共有し、連携する場を作ることが重要です。そのような場を品質保証部門が主催し、同じ目標に向かった連携を促します。

また、組織の大小によらず、これら３つの役割を推進する組織体が共通に留意すべき事項は次の通りです。

- **３つの役割を統括する役員層は同一役員である方が連携しやすい**
- **３つの役割はそれぞれ管理者を置き、推進責任を持つ**

・PMOは現場のプロジェクトの範囲に応じて担当分野を決めておく

一つのたとえとして、立法／行政／司法の「三権分立」と対比させて考えてみましょう。「三権分立」とQMSにおける運用上の役割は、**表2.1**のように対応付けて考えられます。

表2.1 「三権分立」とQMSにおける運用上の役割

立法/行政/司法の役割	QMSにおける運用上の役割
立法権 法律を提案し、審議し、制定する	**プロセス改善** 組織の基準（ルール）を必要に応じて立案、策定し、都度改善を行う
行政権 法律を執行し、日常的な運営や政策を実施し、公の目的を達成する	**PMO** 開発現場において、現場のプロセスの実行状況を評価するとともに、プロジェクトの成功に向けて推進する
司法権 法律に基づき、公正な判断を行うことで法の支配を確保する	**プロセス監査** プロセス監査観点を整備し、定期的に開発現場プロセスに対して監査を行い、基準との適合性を評価する

このように、QMS構築にあたっては、「三権分立」と同様に3つの機能がそれぞれの独立性を維持しながら、プロジェクトを成功させるとともに組織全体の強靭化を図っていくこととなります。

極意02

組織の品質目標達成が品質保証活動の目的

品質目標値はどのように設定すればよいのでしょうか？

品質保証部門は、組織全体の品質を向上させていく責務を有していますが、その企業が直面する状況や、当面の課題などから、どのように品質を向上させていくべきか、判断に迷う場合もあると思います。特に品質保証部門の機能がまだ未確立のような場合は、現状分析をするにも何からデータ収集をすればよいのかの判断がつかずに困惑する場合もあるでしょう。このような場合、まずは経営トップによる組織全体の品質方針に基づいて、それを実現するために、どのような目標を設定すべきかを考えることから始めます。

たとえば、「品質を最優先に考え、お客様に満足いただける製品・サービスを提供しよう」という品質方針であった場合、これを実現する品質目標としては、下記のようなものが考えられます。

- **顧客満足度調査による製品・サービスに対する品質満足度**
- **製品納入後またはサービス開始後のトラブル発生件数**
- **開発中テスト工程での摘出バグ率**

このように品質目標は、品質方針を実現していくためのものであり、ひいては「品質文化」が組織内に作られていくことに繋がります。

品質目標は、品質方針に合致しており、品質面で組織を良くしていくための目標値であることが重要です。その結果業績向上にも繋げられる目標値になるか否かといった経営視点も含めて検討します。

品質目標設定時には、品質分析に基づき、目標値設定の背景や値の考え方を明確にした上で、組織内で合意形成を取ることが重要です。決して品質保証部門の独りよがりの品質目標とならないようにします。

ヒント1

稼働後品質目標値と工程内品質目標値を設定する

品質目標には、稼働後品質目標値と工程内品質目標値があります。設定する品質目標値は、品質保証部門のミッションの成果を表すものであり、また、それは経営層が品質保証部門に期待する成果とも一致するものです。たとえば以下のような目標値設定の考え方があります。

(1) 稼働後品質目標値（納入後品質、フィールド品質、稼働品質）

顧客納入システム稼働後のシステムトラブルを発生させないことを目標値として設定する場合、システムトラブル発生の重要度をあらかじめ設定しておき、それ毎に目標値を設定することが現実的です。

例）重要事故：０件／年度、中程度事故：２件／年度、軽障害：前年度比10％減（重要事故、中程度事故、軽障害の定義はあらかじめ設定する）

(2) 工程内品質目標値（開発品質）

ソフトウェア開発の品質を向上させていくために設定します。この目標値は事業部門が目指すものとなるため、品質保証部門が目標値設定する際には、事業部門が納得できる説明が重要です。

例）事業部門毎に設定したバグ率、検査不合格率

ヒント2

目標値は常に前進する値にする

期毎に品質目標値を設定する際に、前期でその目標値をクリアしているにもかかわらず、前期と同じ目標を維持しているようなケースがあります。そもそも目標値とは、前進していくためにあるものです。一歩でも前進できる目標を設定しましょう。

また、品質目標値と品質管理項目は違うものであることを意識しておく必

要があります。品質目標は目指すべき姿を指標値で表すものであり、品質管理項目はそこに向かうために、何を守るかを表すものです。たとえば下記のような使い方があります。

<品質目標値と品質管理項目の違いの例>

■品質目標値

・稼働後品質目標値

重要事故（0件／年度)、中程度事故（2件／年度）

・工程内品質目標値

全テスト工程バグ率（件／開発ステップ数）

■品質管理項目

・ヒヤリハット低減（分析結果から低減すべき部分を決めて管理）

・設計工程でのドキュメントレビュー指摘件数

（分析結果から低減すべき部分を決めて管理）

・稼働後の品質問題でのロスコスト低減

（稼働後トラブル対応に係る費用を計測し、低減を図る活動）

ヒント3 品質目標の達成に向けたPDCAを検証する

品質目標値達成に向けては、品質目標合意→品質計画策定→品質施策実行（監視→対策実行→効果確認→監視）のPDCAサイクルが回っているかが重要です。目標値を達成できたか否かだけでなく、達成に向けたPDCAサイクルの中身を検証すべきです。

品質保証部門は、品質目標値を達成させるだけでなく、成果が見えるまでブレなく粘り強く地道な（愚直な）努力が必要です。

品質目標値達成に向けては、具体的にどのように現場が活動すべきかも検討する必要があります。製品・サービスの開発工程や稼働後保守において、何を意識し活動すべきかを明らかにすることで、品質目標達成と現場での活動の連携が客観的にも理解できるようにすることが肝要です。

(1) 品質目標値に対する実績管理を行い、組織内に発信する

品質保証部門は、品質目標値を形骸化させないために、品質目標で設定した目標値に対する実績値を定期的に企業組織全体に周知させる必要があります。そのために品質月報などを発行して、数値の乖離状況に対して、品質保証部門としての見解と対策を示すことで、組織の品質意識を高めていくことが重要です。

(2)「品質会議」のプロモート

品質を作り込むのは開発現場であり、現場の担当者が品質に関して意識を高めていくことがボトムアップ活動となります。そのために品質保証部門は、開発現場の仕事上での品質に関わる諸問題について寄り添って解決に向けて考える場、たとえば「品質会議」を設定することが有効です。その中で、品質目標値と実績値との乖離状況などについても説明し、品質目標値に対する認識を高めていくことが重要です。開発現場から見ると、余計な会議と思われることが最初の反応であることが多いのですが、このような活動を事業部幹部まで品質保証部門が知らしめることで、現場担当者のモチベーションも向上していきます。

極意03

標準プロセスはテーラリングをしてこそ使える

標準的なプロセスモデルによるプロセス改善を開発現場に提案しても受け入れられません。

現在の事業部門で行われている開発プロセスの改善を図る目的で、品質保証部門や生産技術部門などが標準的なプロセスモデルを基にしたプロセス改善モデルを適用しようと取り組んでも、開発現場の抵抗にあって簡単には受け入れられないことがよくあります。

その原因として考えられることは、現場で実際に適用している開発プロセスとこれらのプロセス改善モデルとの乖離が大きく、現場からは理想論としてしか受け止められていないことなどが考えられます。開発現場は限られたリソースとスケジュールで作業していることもあり、「新たな提案に対しては余計な工数がかかる。それより進捗優先」といった思いからの抵抗にあうこともあります。

ヒント1

その開発プロセスに対して品質検証するプロセスを同時に決めておく

標準プロセスを開発現場の実態に合わせてカスタマイズする、いわゆるテーラリングにあたっては、品質を検証するプロセスを決めておくことが重要です。

たとえば、設計工程を統合（基本設計と詳細設計）するようなときには、相対するテスト工程で品質が検証できるかを検討することが重要です。テーラリングと称して、安易に設計工程を統合すべきではないのですが、開発規模や形態の違いにより、選択できるようにする場合も考えられます。そのような場合、選択にあたってのルールを明確に決めておき、選択によって簡略化した設計工程に対して、品質を検証する工程は何で、どのように検証するのかを同時に決めておくべきです。

ヒント2

現場に有効なテーラリングルールを設定する

テーラリングという言葉の間違った解釈により、変えてはいけないところもまで省略、または簡略化するケースが見受けられます。テーラリングとは、あくまで基となるプロセスや規約の意味を理解した上で、変えてもよいところと変えてはいけないところを判断した上で行うことであり、都合よく楽になるように変えることではありません。

あらかじめ「テーラリングガイドライン」を定めておき、それに従ってテーラリングをすることを推奨します。

(1) 変えてはいけないところを明確にする

たとえば規約などで定義されている基本的なルールは守らなければなりません。テーラリングしてよいところとは、そのルールを守るための手段の範囲です。

(2) テーラリングしなければならない理由を明確にする

途中で参画する人は、テーラリングによって変わっているのか否かがわからなくなってしまいます。そのようなことがないように、テーラリングしなければならない理由を明らかにし、関係者が承認する仕掛けをルール化しておく必要があります。

都合のよいように解釈を変えることをテーラリングとは言わないことを明確にしておくことが重要です。

「テーラリングガイドライン」を作成するための参考資料：SQiP Libraryより「プロセスは定着していますか　Part2 ～テーラリングガイド作成の手法の提案～」第25年度ソフトウェア品質管理研究会 第1分科会
https://www.juse.jp/sqip/library/shousai/download/index.cgi/25_1.pdf?id=50

極意04

現場の成熟度は段階的に一歩ずつ進める

成熟度を上げるプロセス改善はどのように
取り組んでいけばよいのでしょうか？

プロセス改善に取り組むにあたっては、現状の組織の成熟度レベルを判断した上で、何が最も課題であるかを見極めることから始めることとなります。たとえば、プロジェクトのトラブルが相次いで発生しているような場合、そのトラブルを引き起こす要因として何が問題であるかを分析しなければなりません。次工程の見極めが甘く、問題を積み残したまま後工程に進んだ結果、発生しているのか、技術者が不足しているのか、そもそもの見積りが誤っていることが問題なのか、さまざまな要因があると考えられます。

しかし、これらの課題のすべてについて改善を図ろうとすることは、開発現場の立場からも、従来行ってきたマネジメント手法を大きく変えることとなるので、抵抗も大きいことでしょう。プロセス改善を図ろうとする推進部門長は、現実的にどのプロセスに対して改善するべきか、その期待される効果は何かを明らかにした上で、経営幹部にも同意を得た上で、組織全体の取り組みとして信念を持って推進していくことが成否を分けるポイントです。

ヒント1 最初から100%を求めない

ソフトウェア開発プロセスの改善とCMMI（Capability Maturity Model Integration：プロセス改善のための成熟度モデル）の成熟度レベルの達成は非常に似ており、どちらも同じ目的を持っています。したがって、現在の組織でソフトウェア開発プロセスを改善しようと取り組む場合は、CMMIの成熟度モデルに当てはめて、成熟度を上げるために何をどのように改善すべきかを考えることが近道の一つと考えられます。改善していくにあたって、成熟度レベルの違いにより、抱えている悩みも違ってきます。

各レベルを達成できていない状態で次のレベルに進むと、以下のような悩みの発生が考えられます。

- **レベル1（初期状態）**：プロセスがなく、類似トラブルが発生する
- **レベル2（管理されている状態）**：プロジェクト管理基準があるものの、その意味を理解できていないため、必要以上に負担が増える
- **レベル3（プロセスが標準化・定義されている状態）**：成功していないやり方を定義してしまい、同じ失敗を繰り返す
- **レベル4（プロセスが定量的に管理されている状態）**：定量的に管理しているものの、比べられず、測るタスク自体を特定できない
- **レベル5（プロセスが継続的に改善され最適化している状態）**：プロセス改善を行っても、改善効果が見えない

プロセス改善が定着し、効果を上げるまでに時間がかかるため、最初から100%を求めずボトムアップで改善を求めることが重要です。

ヒント2 プロセス改善は推進部門長の認識で成否が決まる

成熟度レベルに応じたプロセス改善を段階的に推進するにあたって、推進する組織の部門長が、以下の5つの要素が機能しているかを確認していくことが、組織におけるプロセス改善を成功させるキー項目です。

- **部門長は推進状況を経営幹部にコミットメントする**
- **部門長は現場で実行する組織に推進能力があるかどうかを見極める**
- **部門長は組織の違いによってアクティビティが異なることを認識する**
- **部門長はプロセス改善が行われていることを計測し分析する**
- **部門長は実施結果を検証する**

(1) 部門長は推進状況を経営幹部にコミットメントする

プロセス改善を推進するためには、プロセス改善推進側の経営幹部がその内容を承認し、開発現場は改善策を実行する組織の経営幹部の理解を得なければなりません。プロセス改善推進側がいかに強く推進しようとも、経営幹部、特に開発現場の上層幹部にコミットメントされなければ、その改善努力は無駄に終わってしまいます。そのためには、推進側の部門長には以下に示す取り組みが求められます。

- **開発側組織自らがプロセス改善に対して、ビジョン、ミッション、ゴールを立案するような推進の枠組みを作る**
- **定期的にプロセス改善推進状況を経営幹部に報告するとともに推進状況を全社へ公開するための委員会組織を作る**
- **開発現場がやらされ感で仕方なく実行するようなモチベーションとならないような、コミュニケーションイベントを設定する**

(2) 部門長は現場で実行する組織に推進能力があるかどうかを見極める

プロセス改善は、推進側が改善計画を立案し、体制を用意するプロモートだけでは成功しません。実際にプロセス改善を現場で実行する組織の推進力があるかどうかも大きなファクターとなります。開発現場が自分事として、開発組織内で実行できるかも推進側は見ておかなければなりません。推進側の部門長は以下について留意する必要があります。

- **開発現場でプロセス改善を担う人は誰なのか、その経験度合いと組織内での信頼度はどの程度なのかを把握する**
- **プロセス改善を担う人の担当プロジェクトの繁忙度合いを把握し、その状況を踏まえ、開発現場で実行可能か判断する**

(3) 部門長は組織の違いによってプロセス改善アクティビティが異なることを認識する

CMMIの成熟度レベルに応じたプロセス改善を推進する場合でも、組織全体の課題から独自のプロセス改善施策を推進する場合であっても、いずれも組織共通的な改善施策となることが一般的です。しかしながら、組織には事業体の違いがあり、必ずしも共通的な改善施策がそのまま適用できない場合もあり得ることを推進側は理解しておく必要があります。推進側の部門長は以下について留意する必要があります。

- 組織の特性に応じた実施アクティビティかを確認する
- 実施アクティビティが属人的な取り組みとなっていないかを確認する
- 実施アクティビティがプロセス改善の主旨と合致しているかを確認する

(4) 部門長はプロセス改善が行われていることを計測し分析する

プロセス改善が推進側の意図通りに開発現場で行われているかをどのように確認すべきかを、推進側はプロセス改善策を立案するタイミングで考えておく必要があります。計測なくして分析評価はできません。また、計測する指標値はその効果が測れるものでなくてはなりません。推進側の部門長は以下について留意する必要があります。

- プロセス改善の程度が推し量れる指標値であるか
- 指標値は、どの開発現場でも実際に測定できる値であるか
- 目標値設定と測定時期は最初に定義しておき、分析評価実施時期まで目標値は原則変更しない

(5) 部門長は実施結果を検証する

ここでは、プロセス改善が遂行できたか否かを客観的に検証します。通常、プロセス改善推進側の経営幹部や上位管理者および品質保証部門など、第三者視点の組織の参画によって検証を行います。一般的にはレビューの形態により行われるため、推進側の部門長はプロセス改善の実施結果、評価結果を資料にまとめて期毎などにレビューの場を設けて検証します。

極意05

真の原因を究明し、水平展開しないと再発は止められない

同じようなトラブルや事故が複数の部署で発生している状況を改善するにはどのようにすればよいのでしょうか？

開発プロセスを正しく行うことと、他の組織で発生させない取り組みを行うことは、別のものと捉えるべきです。もちろん、発生したバグやトラブルを同じ組織内で二度と発生させないようにする再発防止においては、その組織で定着しているプロセスをいつも通り正しく実行しなければならないことは自明です。このようなトラブルを他の組織で発生させないようにするためには、発生した原因だけでなく、その奥に潜む真の原因（要因）を明らかにして、横展開することが重要になってきます。発生する現象は違っても、その奥に潜む要因は同じところにあるような場合、その要因を追究し再発防止を横断的に実行し、その結果を定期的に監視していくような行動が必要であり、この役割を担うのは品質保証部門であるべきで、率先して実行しなければなりません。

ヒント1 他プロジェクトの事例を共有し、品質計画に反映する

他の組織で発生している開発トラブルと同様の状況とならないためには、プロジェクト開始時に類似プロジェクトでの成功および失敗事例を共有し、その知見を当該プロジェクトの品質計画に組み入れることが肝要です。

(1) 他のプロジェクトの実績値を参考として品質指標値を設定する

他の成功プロジェクトの実績値を参考とする場合、以下の点に注意が必要です。

類似プロジェクトとはいえ、プロジェクトが異なれば、状況も違います。品質指標値に対しては、そのままの値を使用するのではなく、類似プロジェクトの考え方を理解した上で、あくまで参考として、今回のプロジェクトに適した品質指標値を新たに設計すべきです。

品質指標値は、上流の設計工程から下流のテスト工程に至るまで開発工程全般にわたって設定することが必要です。

表2.2 ある企業でのウォーターフォール（注1）開発での品質指標例

工程	品質指標	単位
設計工程	ドキュメントレビュー密度	指摘件数/ページ数
	レビュー回数	回数/ページ数
	レビュー時間	時間/ページ数
	レビュー指摘内容分類	ー
開発工程	ソースコード行数	コード行数
	ソースコードレビュー不良密度	不良件数/コード行数
テスト工程	チェックリスト密度	件数/コード行数
	摘出バグ密度（予定/実績）	バグ数/コード行数
	C0、C1カバレージ密度（注2）	C0：100%、C1：100%
	テスト懸案数	件数、内容

（注1）段階的に順次進行する代表的なソフトウェア開発プロセス
（注2）ソフトウェアテストでの網羅性を評価する指標。C0は全命令網羅、C1は全分岐網羅を示し、網羅率を%で測定する

(2) 他のプロジェクトの品質分析・評価の結果を参考にして対策内容を品質計画に反映する

他のプロジェクトでの品質分析・評価の結果を参考に品質計画を立案するにあたっては、以下の点に注意が必要です。

類似プロジェクトであっても、品質計画の内容をそのまま適用してはいけません。プロジェクト特性を踏まえ、類似プロジェクトの品質計画の考え方を把握した上で、適用範囲を検討します。

品質計画には、「設計工程で不良を減らす施策」と「テスト工程で不良を摘出し切る施策」が基本的な考え方となりますが、基本的な考え方から施策を詳細化し、その施策を成功させるための目標値を設計することが必要です。

後工程で品質問題が露呈することにならないように、各工程の区切り、またはプロジェクト特性によって、月次、週次、日次で品質達成度評価を行うことが肝要です。

<品質計画の構成例>
適用範囲、品質方針、品質管理体制、品質指標と品質目標値、品質確保施策、レビュー計画、品質評価計画、受入れ検査計画、工程完了判定

ヒント2

失敗事例の共有は組織的に行う

プロジェクトでは、品質計画を立案し、実行していたとしても、当初想定した範囲外のさまざまな事象発生により、品質トラブルが発生することがあります。

(1) KPTを活用する

いかに計画段階で検討していても、想定し得ないことが発生することを前提にし、他のプロジェクトや組織の失敗事例を学び、その再発防止策を取り入れることが重要となってきます。その際に有効な考え方は、プロジェクトの節目で失敗に至った必然性を明らかにし、次工程以降でチャレンジすることです。そのツールとしてKPTが活用できます。

- **K（Keep）：良かったこと、継続すること**
- **P（Problem）：問題点、改善すべき点**
- **T（Try）：チャレンジすること**

このツールを用いて、組織に失敗事例を教訓として共有するためには、以下の点についての留意が必要となります。

- **事故を起こした当事者の叱責ではなく、将来の事故防止が目的であることを明確にする**

・事故を発生させた部署以外でも「自分に関係のある話だ」と思わせるように展開する（他の部署に全く関係のない特殊事例は展開しない）
・開発組織の観点および顧客の観点での問題の両方が開発者に伝わるようにする（梯雅人・居駒幹夫『ソフトウェア品質保証の基本：時代の変化に対応する品質保証のあり方・考え方』、日科技連出版社（2018）142頁から引用）

(2) 自己反省会議を行う

他の事故事例の共有時は、再発防止策がなぜ必要なのかをわかりやすく説明します。

社外で発生した事故、さらに顧客の信頼を失うような事故から経験を拾い上げることが重要です。たとえば日立グループでは、長年「落穂拾い」という名前の、事業所、グループ会社レベルでの事故反省会議を行っています。「落穂拾い」は下記に示す「落穂拾いの基礎観念」という３つの考え方をもとに、本番稼働後に発生した事故を真摯に反省し、技術者へ思いやりの精神を醸成するとともに、組織として同様な問題を未然に防止することに努めるためのものです。

＜落穂拾いの基礎観念＞
①他社・他人に対し、不親切ではないか？
②納品のクレームに対して不信はないか？
③外に向かって空理空論を吐いていないか？

ヒント3 同類事故を防ぐことは品質保証部門の最重要責務

失敗事例や事故事例を組織で共有することは、組織横断的な位置付けの品質保証部門が推進するべき重要な責務です。品質保証部門は、複数のプロジェクトを診ることができる立場にあるので、開発現場のノウハウが集約される部門です。

現場の情報から失敗事例を定期的に傾向分析し、今はどのような状況にあるか、何が問題であるかについてわかりやすく伝わるように組織全体に対して示すミッションがあります。その中でも特に問題のある事例については、その事例に関わっていない人に対しても情報を理解できるように一般化した上で、教訓が何かを示すことも重要です。これらの失敗事例から同類事故を防ぐための品質保証部門が持つべき意識と矜持および行動について、企業の実例を交え以下に解説します。

(1)「品質保証部門は定期的に品質状況を総括することが重要な役割である」という意識を品質保証部員が持つ

たとえば以下のように期毎に全社の品質状況をまとめ、役員会議などで報告することが効果的です。

- **期毎の全社の事故発生状況（事故ランク別発生件数、事業部別事故発生件数）**
- **前期までの施策結果評価（効果と反省）**
- **今期の事故発生状況分析および前期までの施策結果からの新たな課題**
- **課題に対する今期の施策内容**
- **施策推進スケジュールと役割分担**

これらの報告を期毎に行うことが品質保証部門の大きなミッションであることを品質保証部門内全員に意識づけることが重要です。

(2) 現場がやろうと思えるように具体化、わかりやすさを主眼として事例を展開する

品質状況を総括した結果、施策内容を各事業部に展開する際は、施策内容の意図を伝えないと、やらされ感から実のある施策とならないことを認識しておく必要があります。

事業部門の現場レベルまでその施策に対して納得が得られるような伝え方とするためには、現場がやろうと思えるように、具体化、わかりやすさを主

眼として事例を展開するのが効果的です。たとえば以下のような方法が考えられます

- **施策展開に合わせて、施策の発生背景がわかるような補足資料を作る**
- **事業部の課長会議などで、施策説明と具体的な実行方法や期待する効果などについて、品質保証部門が説明する時間をもらう**
- **事業部内で施策実行時に生じた疑問や懸案事項を品質保証部門に上げられる仕組みを作る**

(3) 品質保証部門が活動・運動をプロモートする

それぞれの事業部主導で品質保証施策を実行すること以外に、全社的な大きな課題がある場合は、事業部門自らが品質を向上させていく意識を持てるように、以下の活動を品質保証部門が全社品質向上運動として立ち上げ、推進することも得策です。

- **事故低減に向けた全社品質改善運動**：設定された品質指標に対して、どの値を目指すかをスローガンにして、そのための施策を各事業部で立案する（品質保証部門は推進事務局としてプロモートする）
- **作業ミス撲滅運動**：どのような作業ミスを減らすかを全社的に設定し、全事業部共通施策と、各事業部個別施策を立案して推進する
- **「日科技連品質月間」を活用した品質意識向上キャンペーン**：11月の1か月間で、品質に関する各種セミナー開催、e-ラーニングの実施などを全従業員に対して展開して品質意識の向上を図る
- **事故ゼロ継続事業部へのインセンティブ付与**：一定期間、事故ゼロを継続し、かつ品質向上の取り組みを推進している事業部に対して表彰、インセンティブ付与制度を設ける

極意06

時代の変化に合わせて、検査自身も変わる

DXやVUCAの時代に、検査の仕事は
どのように変わるのでしょうか？

DX（デジタルトランスフォーメーション）とは、デジタル技術やデータを駆使して、作業の一部にとどまらず、社会や暮らしがより便利になるように、大胆に仕組みを変革していく取り組みです。ITを使ってビジネスの仕組みや生活の仕方まで影響を及ぼすような変革を目的にしています。

VUCAは、「ブーカ」と読み、Volatility（変動性）、Uncertainty（不確実性）、Complexity（複雑性）、Ambiguity（曖昧性）の4つの単語の頭文字を取って名付けられました。

- Volatility（変動性）：この先どのような変化があるのか見通しが立たない、予測できない変動が激しい状態のこと
- Uncertainty（不確実性）：不確実なことが多く、この先の環境の変化がわからない不安定な状況のこと
- Complexity（複雑性）：複数の要因が絡み合い、シンプルな解決策を導き出せなくなっている状態のこと
- Ambiguity（曖昧性）：問題解決にあたり本当にそれでいいのか判断できなかったり、絶対的な方法を導き出すことができなかったりする、曖昧な状態のこと

「DXやVUCAの時代」とは、将来の予測がしにくいため、既存の価値観やビジネスモデルだけでは通用しない時代のことをいいます。

従来の検査のメインの仕事は「顧客に提供してよいかどうかの合否判定」にありました。昨今は、経営層から「出来上がってからの問題指摘では手戻りが大きいので、もっと早い時期に指摘できないのか」「リリースまでのスピードが出ないのは検査部門のせいではないか」と指摘を受けるようになっ

てきています。開発部門からは、「検査部門の指摘はごもっともだが『後出しジャンケン』は勘弁してほしい」と言われています。

このような背景で、近年は開発初期段階からの品質把握が求められています。工程の関所的な位置付けの「門番型」検査部門から、開発部門と一緒になって開発初期段階から品質の作り込みを支援する「伴走型」検査部門が求められているのです（ここでいう「検査部門」とは、開発部門とは別に品質保証を行う部門のことを指します）。

プロダクトビジネスからサービスビジネスやサブスクリプションビジネスが浸透していくにあたり、顧客が考える品質は、製品やシステムの持つ機能でなく、それらが生み出す「コトの価値」と捉えられるようになってきています。

「コト」の品質を評価するために、検査部門が中心となって、品質の良し悪しを「コトの価値」の大小で評価するように、社内コンセンサスを作り出すことが必要です。

ヒント1 検査部門が上流工程から支援する

問題の原因が上流工程であればあるほど、修復のためにコストがかかり、要件定義での問題の場合だと膨大な手戻り作業量が発生します。

検査部門が関与する工程を、製造段階から設計段階や要件定義段階にシフトレフトすること（製品開発などで行われる特定の工程を通常よりも前倒しで実施する手法。ここでは、検査部門の関与をテスト工程から前倒しして上流工程から行うこと）で、上流工程での品質が向上し、後工程で発生する、設計段階・要件定義段階に起因する手戻りを少なくなります。

工程の終了時に一括して確認するのでなく、工程の途中で確認することで、合否の判定ではなく、タイムリーなアドバイスを開発部門へ行うことができます。

ノウハウの不足により上流工程での成果物の品質を評価することが難しい

場合もあります。その場合は、レビュー会に同席することで知識を蓄えましょう。知識がたまると開発者では気がつかない顧客視点の指摘ができるようになります。

あるいは、成果物を作るプロセスに着目し、計画通りに作業を実施しているかといった、作業プロセスを評価することで、成果物の品質向上に寄与できます。

ヒント2 他部門と連携し、検査部門が「コト」の品質も評価する

本来、顧客が求めているのは、製品やシステムの機能そのものではなく、それらがもたらす顧客の業務（「コト」）の価値の向上にあります。従来からの機能面の品質に加え、顧客へ提供する価値についても評価できるようにならなくてはいけません。

「コトの価値」を検査部門が評価するにあたっては、他部署の協力が必要で、そのための社内のコンセンサス作りが肝要です。「コトの価値」は広義の「品質」であり、それが求められている時代であることを経営層も含め他部署へ説明し、理解してもらった上で推進します。

検査部門も上流工程から商談やプロジェクトに参画することで、顧客が求める価値は何なのかについて把握しておきます。

コトの評価は検査部門だけでなく、他部署（企画部門や営業部門といった顧客に近い部門）と協力して実施することで、正しい評価ができるようにします。企画部門からは、当社が顧客へ提示した価値とは何なのかを収集し、営業部門からは、実際に顧客に価値を提供できているかを収集します。

さらに、検査部門はコトの価値を評価するプロセスの構築を行うとともに、各部門のプロセスが機能しているかについても確認します。

Column

ソフトウェア検査部門でのシフトレフトの事例

某ベンダーのソフトウェアの検査部門は、開発部門が実施するシステムテストの終了後に、「製品検査」を実施することで、出荷時の品質判定を行うのが主な業務でした。検査部門の製品検査を受け、出荷が可能であると判断されるわけです。

そのルールで10年くらい続けていましたが、１回の製品検査で出荷基準をクリアできない場合もあり、出荷時期の延伸を行うことがありました。また、出荷時期は延伸しないが、機能制限を付けて出荷する「特例出荷」もたびたび実施。そのようなことを繰り返しているうちに、会社の上層部から言われたのが「検査部門は出来上がってからダメ出しをしたのでは手遅れなので、開発過程で品質を作り込むことを考え推進せよ」でした。今の言葉で言うと「シフトレフト」に当たります。

それまでは、検査部門は製品の出荷時品質を守る「門番である」と教えられてきましたので、しんがりを守るというマインドからの変革が必要であるとともに、開発過程での品質をどのように評価するのかから考えなければなりませんでした。また、開発過程の成果物の品質を評価するためには、開発技術やドメインについての知識も必要で、毎週夜に勉強会をしていた記憶があります。また、開発部門からすると「今までは、システムテストが終了するまでは検査部門は口出しをしてこなかったが、開発途中でもいろいろと口出ししてくるのがうっとうしい」という思いがあったようで、検査部門の会議への参加や、成果物の提示には消極的でした。私たち検査部門は、シフトレフトの主旨を繰り返し説明していました。

シフトレフトの取り組みの成果ですが、製品検査で出荷基準がクリアできないケースが減少するまでに、３～４年かかりました。その間に開発部門から見た検査部門は、うっとうしい存在から、少しは頼りになる存在に変わってきました。

極意07

品質保証部門の成果は、出荷後に判断される

検査の価値を振り返り、改善していくには
どのようにすればよいのでしょうか？

開発部門が所定の作業タスクを完了し、検査部門も所定のチェック項目を完了し、品質問題なしであると判断して顧客へシステムを提供したにもかかわらず、稼働後数か月してから「重大問題が発生している」とお客様から経営トップに問題指摘（エスカレーション）が上がることがあります。このような事態となる背景としては、以下のようなことが考えられます。

- **プロジェクト側は、システムを期日どおりにサービスインすれば目的を達成したと考えてしまう**
- **検査側は、顧客を見ようとせず、形式的なチェックが済めば仕事をしたと考えてしまう**
- **客先常駐時に発生した問題は、現場で片付けば報告を上げない傾向にあり、問題が発生したことが品質保証部門に伝わらない**
- **検査部門が出荷後の品質について情報を正しく把握できていない**

ヒント1 サービスイン後の状況を知る仕組みを作る

ソフトウェアの開発組織が成長し、開発部門、検査部門、顧客サポート部門に分かれて、役割分担されるようになると、顧客で発生しているトラブルや問題の情報共有が少なくなる傾向にあります。各部門が自分たちの責任でトラブルや問題の解決をしようと、真摯に取り組めば取り組むほど、情報が他部門へ伝わらなくなります。

トラブルや問題の発生する背景まで踏み込んで、根本原因への対処を行う

ためには、情報を共有する仕組みが必要です。顧客先で発生したトラブルや問題を、関係者へ通知・共有する仕組みをプロジェクト管理ツールや問題管理システムを使って作りましょう。

トラブルや問題の発生した日時、内容を記載した問題票を、対応担当と思われる部署または人へ回送し、対処を行うべき部署や人は、対処する内容を記載して、回送元へ戻すことで、発行者に原因と対処内容を伝えます。

これらの情報が開発部門、検査部門、顧客サポート部門で共有される仕組みを作ります。

この仕組みを使って、検査部門は顧客先で発生しているトラブルや問題を正しく知ることができます。出荷後に発生した問題を収集する仕組み作りは大切ですが、それ以前に企業文化の醸成が肝要です。

担当者が「報告したくない」と思う状況があることは問題です。問題やトラブル発生を「改善の種」と考え、それを報告した人や原因を作り込んだ人を「責めない・叱らない」、という心理的安全性が確保された企業風土を作ることが必要です。

ヒント2 サービスイン後の状況から振り返る

システム構築の目的は利用者への価値提供ですので、サービスインは価値提供の始まりになります。したがって、提供したサービスの価値を評価すべく、適切性・妥当性・有効性を確認するタスクを重要視した、サービスイン後の状況について、振り返りのプロセスを組み入れる必要があります。

出荷後に客先で発生した問題は、品質保証部門自身の活動の成果を振り返る貴重な情報です。

製品の出荷やシステム提供後に、定期的に顧客トラブルや問題発生の状況を確認しましょう。

確認の観点の例としては次のようなものが挙げられます。

- **出荷後・提供後の品質目標に対する実績（不具合密度、問題指摘件数な**

ど）

- トラブルや問題の傾向分析（製品や機能、顧客の偏りなど）
- トラブルや問題の傾向の時間による変化（問題解決までの平均解決日数など）
- 顧客満足度アンケート結果の変化

品質保証部門を叱ってくれる部署はなく、自身が痛い目をみないと改善しないため、品質トラブルの謝罪は検査担当者の役割とするのがよいでしょう。再発防止の報告を行うことが、その後の品質向上に繋がります。

Column

顧客へ謝罪に訪問した経験から学んだこと

検査部門の者が、トラブル発生に関して謝罪でお客様を訪問するのはあまり楽しいことではありませんが、お客様の所へ行かないとわからないことがあり、視野を広げるためには有意義な経験となりました。

経験の一つ目は、「1件のトラブルだけで、お客様が（検査部門からの説明が必要なほど）クレームを経営層まで持ち上げる事態は少ない」ということでした。

お客様への訪問前に、対応しているSE（システムエンジニア）に話を聞くと、問題となったトラブル以外に複数の軽微なトラブルや、お客様への対応不備が継続して発生していました。とどめを刺したのが、今回の経営層まで持ち上がったトラブルだったとのことです。

検査部門が把握しているトラブルは、お客様現場で片付かなかったものだけで、実際はもっと多くのトラブルや問題が発生しており、それらも含めて解決しないと、お客様の納得は得られません。検査部門としてはエスカレーションしたトラブル以外の情報も収集して、それらの発生の背景を踏まえた対策が実施されるように指導しなければならないことを改めて実感ました。

経験の二つ目は、「お客様はベンダーが想定していないシステムの使い方をする」ということでした。

お客様で発生したトラブルの原因は、所定台数以上の端末からアクセスしたことにありました。そのため、システムがスローダウンしていき、最終的にはダンマリ状態になってしまったのです。

「システム構築時の見積りでお客様に提示した端末数の倍の台数からアクセスしたのが原因です」と開発部門が説明しても、お客様は「見積り台数以上からアクセスすると、システムはダンマリになるとは、どこに書いてある!!」と、すごい剣幕で怒っていました。確かにマニュアルにはそのような記載はありませんでした。

「見積りの範囲の端末台数で使ってくれるだろう」というのは、ベンダーの勝手な思い込みでした。

高価なマシンを徹底的に使い倒したいのがお客様の思い。そのような思いのお客様に対しては、システム的にストッパー機能を作り込んでおき、あらかじめ見積もった台数以上の端末からはアクセスできないようにしておく必要がある、そうしておかおないと、お客様もベンダーも不幸になるということを学びました。

その経験以降は、設定した端末台数以上を接続した過負荷試験を実施して、システムの振舞いを確認することにしました。

極意08

監査を技術伝承の場、顧客や社会にアピールする機会と考える

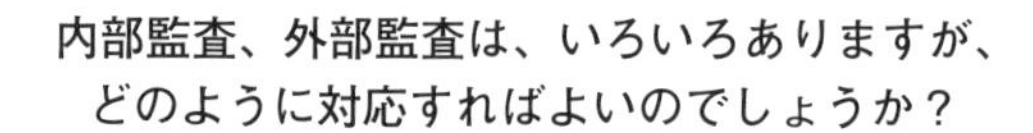

内部監査、外部監査は、いろいろありますが、
どのように対応すればよいのでしょうか？

プロセス監査は現場に疎まれがちです。現場はその場を乗り切ればよいと考え、問題をできるだけ出さないような対応をし、監査員は波風を立てないように穏便に監査しようとしがちです。そのため効果的な課題の抽出や改善提案ができない傾向があります。監査を通じて組織的な問題を炙り出し、継続的なプロセスの改善に繋げることが望ましいです。

監査は大きく3つの種類に分けることができます。その特徴を表2.3に示します。

表2.3　3つの監査の特徴

監査の種類	目的	依頼者（上段） 監査者（下段）	意義
第一者監査（内部監査）	組織の中で自己点検を行うための監査	組織の経営者の依頼による	組織の弱点を自ら見つけ改善する契機となる
		組織の内部監査員	
第二者監査（外部監査）	顧客や利害関係者が、自らの要求事項や目的を果たせるかについて、供給者を監査する	顧客先の経営者、調達責任者、親会社の要請による	取引先からの信頼が得られる 良い評価を得られると入札や受注に有利
		顧客先の監査員	
第三者監査（外部監査）	ISO認証を受けている組織がISOの規格要求事項を満たしたルールや仕組みが、適切に運用され有効に機能しているかを審査する	組織の経営者の依頼による	第三者による公正な評価が得られるため、社会的な信頼性が向上する
		ISO認証機関など外部の独立した組織	

3つの監査の活用方法について解説します。

ヒント1

第一者監査（内部監査）は、現場と一緒に改善を考える機会として活用する

内部監査の目的および意義は、組織の課題を炙り出し、その原因を考え改善を図ることで、組織と人の成長を促し、後進にその知見を伝承することです。

(1) 監査する側とされる側が緊張感を維持しつつ良い関係を築く

内部監査では、監査する側が「上から目線」になってしまうと、監査される側の現場と対立する関係となってしまいます。監査の実施自体が煙たがられることは避けなくてはなりません。また、「ルールに不適合である」という指摘だけでは組織マネジメントやプロセスは良くなりません。

現場の業務に精通した内部監査員と現場が一緒になって、品質プロセスの本質的な改善を考え、互いに気づきを得る機会として活用することが望ましいです。内部監査員は、他の事例も多く知っているので、指摘事項だけでなく、現場の素晴らしい工夫で品質プロセスが運用されていることに気づいたら、「Goodポイント＝良好な点」として、その詳細を傾聴し監査記録に残しましょう。内部監査で得た現場の知恵を他の現場に活用／展開する知見となるでしょう。

監査される側と監査する側は、長い年月をかけて仕事を続けていく同士ですから、互いに緊張感を維持しつつ良い関係を築いていくことが重要です。

(2) 内部監査に必要な視座

内部監査員は、組織が過去、現在、未来にわたり、品質プロセスを適切に運用し改善することで、社会に適切な価値の提供ができていることを社内外に保証する「目撃者」です。

内部監査では、次のような視座で監査をすることが必要です。

監査に必要な情報を的確に収集し、監査証拠を適切に確認する（監査証拠

とは、現場を観察し、面談により傾聴し、文書や記録を調べて得たもののすべてを指す)。

「このルールを運用することに意味と意義はあるか」と現在のルールを疑ってみる視点を持つ。

- **この方法で、意図したことが実現できるのか**
- **この記録は誰が何のために使うのか**
- **運用が形骸化していないか**

現場の業務が適切に進むように、ときにはルールの見直しを指摘することも必要です(少し勇気のいることですが)。

ヒント**2**

第二者監査(外部監査)は、組織の社会的な価値を示す機会として活用する

第二者監査とは、ステークホルダーである組織(購買元、委託元、親会社、上部団体など)が、自らの要求事項への適合性を検証するために供給者、子会社、下部団体などを監査することが目的です。

品質に関わる監査の観点の一例を示します。

- **品質マネジメントシステムの確立**
  第三者機関による品質マネジメントシステムの認証を受けているか
- **品質方針の徹底**
  品質に対する方針および目標は、明確になっておりすべての従業員に徹底されているか
- **顧客ニーズに応える製品・サービスの提供**
  顧客の要求を満たす、品質の良いものを作るプロセスができているか
- **権限と役割**
  開発および品質保証に関わる組織の権限や役割が明確になっているか
- **力量**
  開発および品質保証に関わる要員の力量や教育・訓練は十分か

近年はそれだけでなく、CSR監査（サプライヤー監査）として行う事例が増えました。CSR監査では、自社だけでなく、サプライヤーに対しても、環境破壊、人権侵害、労働安全などの、法令違反や反社会的行為に繋がっていないことを確認し、組織が社会的責任を果たせるかを評価されるようになりました。

CSRに関わる監査観点の一例を示します。

- **法規制の遵守**
  事業活動に関わる各国・地域の法令・社会規範を遵守しているか
- **気候変動への対応**
  地球環境に配慮した事業活動を推進しているか
- **人権**
  従業員の人権を尊重し、虐待、体罰、セクシャルハラスメント、パワーハラスメントなど非人道的な扱いをしていないか
- **労働安全**
  法定限度を超えないよう、従業員の労働時間・休日・休暇を適切に管理しているか

取引先の不祥事によって発注元としての責任を問われ、取引先が倒産して依頼した成果物ができないというリスクを避けるために、第二者監査で取引先を評価する必要があります。

すべての監査に共通することですが、監査に対応するためには、品質プロセスの活動結果は、証跡（エビデンス）として適切に保管しておくことが重要です。第二者監査に対応するためには、社内だけで通じるような内容ではなく、社外の人でも理解できる形で記録を残す習慣を日頃から心がけましょう。

第二者監査は、自組織の品質プロセスの有効性や法規制を遵守し、社会的な責任を果たせる組織であることをアピールするチャンスでもあります。

ヒント3

第三者監査は、マネジメントシステムの有効性の確認や、組織の弱点を見つける「試金石」として活用する

QMSの認証登録や維持をする組織は、ISO認証機関などの外部の独立した組織による第三者監査（ISO審査）を定期的に受けます。ISO審査に合格すると認証登録組織として組織の情報が公開されます。

利害関係がない第三者による公正な評価が得られるため、顧客などの取引先の信頼性が向上します。また、QMSの認証登録組織であるかどうかが、取引先の入札要件の一つになっていることがあります。

第三者監査では、QMSが定めた要求事項を満たしているか、組織が定めたマネジメントシステムのルール通りに品質プロセスが管理・運用されているかなどを確認し、適合しているかどうかを審査します。

第三者監査の結果は、単に不適合がなければよいということではありません。組織の継続的な改善が進み、業務のレベルアップに繋がるような、有効な不適合・観察事項を検出していただくことが重要です。

そのようなISO審査を実現するために、品質保証部門やISO審査の事務局は、認証登録機関に対して次のような働きかけをすることが大切です。

- **日頃から組織の品質マネジメントの弱点を見つける視点を持つ**
- **「審査チームとの事前打合せ」の機会を有効に活用し、組織の現状把握と共有ができるようにする**
- **検出された不適合・観察事項は、真摯に受け止め、真の原因を追求し、組織の品質プロセスの改善に活用する**

Column

良い監査が実施できる適任な人材と持つべきスキルは？

人の成長を促すような監査を実現するためには、どのような人材が必要でしょうか。以下に監査人に必要な資質を解説します。

監査人に必要なスキルには以下のようなものがあります。

- 論理思考、本質把握、全体を俯瞰できる、体系化／抽象化できる
- リスクの具現化とそれらのリスクアセスメントができる
- 再発防止を組織の問題として仕組み化できる

監査員の力量は、「ISO 19011：2018「7.2 監査員の力量の決定」にも定義されています。

監査人に必要な資質として、監査対象業務の目的を理解し、組織のマネジメントシステムが有効に機能しているか、運用上のリスクが潜んでいないかを、客観的な立場で俯瞰的に見ることが重要です。

監査人に求められる人物像は次のようなものです。

- この人の言うことならば信用できる
- この人の言うことならやってみよう
- なんでも相談できる。

監査に対する姿勢は、ISO 19011：2018「4　監査の原則」に定義されています。特に次の姿勢が重要です。

- 「公正な報告：ありのままに、かつ、正確に報告する義務」を果たし、監査対象と「馴れ合い」にならないこと
- 「証拠に基づくアプローチ：体系的な監査プロセスにおいて、信頼性及び再現性のある監査結論に到達するための合理的な方法」を行い、客観的・具体的な監査証拠に基づいて判断すること。言質だけで指摘をする、具体的な確認をせずに「問題なし」とするようなことは避ける

極意09

監査結果の指摘事項はリスクと共に伝える

監査結果を組織の改善に繋げるにはどのようにすればよいでしょうか？

開発部門に監査の意義が十分に浸透せず、そのために監査を形式的なことと捉え、その場を乗り切ればよいと考えている場合、改善策の提示（是正指示）に対して、否定はしないが実際の改善に繋がらないことがあります。このような場合は、画一的な改善提案ではなく、その組織やビジネスの内容によって、現場が自ら創意工夫できる品質プロセスを一緒に作ることを提案しましょう。実践的な品質プロセスをつくることで、組織力の向上、人材育成にも繋がります。

さらに、日頃から監査の意義を説明し、現場に浸透させる場を設けることも重要です。

また、指摘事項に対しては、単に人の側面だけでなく、プロセスや仕組みが適切に機能しているかの観点も考慮します。その上で、再発防止、未然防止に繋がるリスクを導き出すことも大切です。

ヒント1 リスクを交えて指摘する

指摘事項を改善しないことが、どのような状況を引き起こすか、どのような結果が想定されるかを、過去の事例を挙げて説明します。たとえば、あるプロジェクトの監査において、上流工程のレビューの不備を指摘する場合、同類の原因で失敗したプロジェクトの教訓を交えて説明すると現場の理解が深まります。

例：あるプロジェクトの上流工程で、顧客要件を十分レビューせずに次工程に進んだ結果、品質不良が発生し、手戻りが上流工程にまで遡ることとなりました。この影響で納期遅延を招き、お客様に多大なご迷惑がかかっただけでなく、膨大な対応工数、追加コストがプロジェクトにかかることとなりました。

このように過去のプロジェクトにおける失敗事例をその要因も含めて説明した上でリスクを交えて指摘することで、現場が自分事として指摘事項を捉えることができ、プロジェクトの実態に沿った、解決策を見出し、改善に繋がることが期待できます。

ヒント2 プロジェクトの失敗を組織の知見に昇華する

監査で指摘を受けた場合、開発部門で是正処置を考える際に、その要因を「うっかり手順を忘れていた」「ルールをよく理解していなかった」など、人の要因に終始するケースがあります。誰かのせいにしているだけでは、組織は賢くなりません。

「個人の失敗がプロジェクトのやり方に起因していないか？」「プロセスや仕組みに問題はないか？」という観点でプロジェクトを監査し、問題を捉えて指摘しましょう。

失敗の直接原因は個人に起因すると思われがちですが、根本原因はプロジェクトやプロセス、組織にあると考えるべきです。さらに失敗だけではなく、成功の経験も組織の知見とすることで、失敗の再発を防止し、繰り返し成功できる組織になることが期待できます。また、是正策が総コストの削減に繋がることも説明するとよいでしょう。

Column

組織の継続的改善に「MeGAKA」サイクル活用のすすめ

品質プロセスの改善サイクルは「PDCA」が一般的ですが、あらかじめ計画を立てることが難しい業務では、異なる改善サイクルを活用することも考えられます。一例として、ファシリティマネジメント（企業・団体等が組織活動のために、施設とその環境を総合的に企画、管理、活用する経営活動の管理方式のこと）の改善サイクルの考え方で、さまざまなリスクに適用する「MeGAKA」を活用した例を紹介します。

「MeGAKA」とは、経営とのアライメント（合意形成）を取りながら、自主的にかつ戦略的に実践するサイクルで、次の５つのプロセスがあります。

①Measure：現状の実態を測定し、課題を把握すること

②Goal：改善目標を決めること

③Alignment：組織の経営方針と品質方針を連携させ、「調和」を図るように、各セクションの方向性を合意形成すること

④Kaizen Plan：改善策を検討すること

⑤Action：実行すること

このサイクルを逆転して、まず行動し走りながら考える⑤→①の逆回り「AKAGMe」のサイクルとすると、スピード感のある臨機応変な対応サイクルに変わります。

⑤Action：試行錯誤もあるが、迅速な施策実行とフィードバック・修正

④Kaizen Plan：緊急施策・計画のマイルストーン設定

③Alignment：経営戦略、事業戦略と同期し、ステークホルダーとコミュニケーション

②Goal：当面の達成目標とあるべき姿を描く、テーマ目標設定

①Measure：残存課題を審（つまび）らかにする調査、状況や変容を継続監視する

そして次サイクルのスタート（⑤の修正または新Actionへ）

「AKAGMe」サイクルは、アジャイル開発などあらかじめ「計画」することが難しい業務の改善サイクルに活用することが期待できます。

臨機応変に戦略的に組織を動かすマネジメント手法の「MeGAKA」と逆転サイクルの「AKAGMe」、目標・計画策を着実に実行する管理手法PDCA。3つの管理手法を業務に合わせて使い分け、組織を継続的に改善させてみませんか。

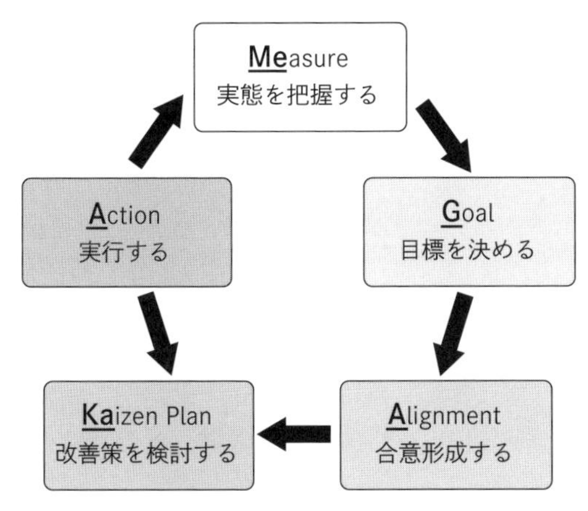

図2.1 MeGAKAサイクル

「【第6回】Withコロナを乗り超える 戦略総務のモチベーション」、一般社団法人FOSC、2020/10/26
https://fosc.jp/column/after-covid19/aftercovid19_6
を参考に筆者作成

極意10

事業戦略として教育を定着させる

社内教育を定着させるには
どのようにすればよいでしょうか？

「業務内容にかかわらずに一律に教育しても、身に付いた人がなかなか育ってこない」「キャリアパスをうまく設定できない」「年度初めに個人毎に教育計画を設定しても、プロジェクト活動が優先されて計画通りに受講できていない」というような悩みをよく耳にします。

ヒント1

教育を事業戦略として捉え、経営層にも認識してもらう

(1) 経営層への教育

まずは経営層への教育を行います。品質の良い製品やシステムを顧客へ提供するためには、かけ声だけでは実現できず、テクニカル面とマインド面の教育が必要であることを経営層に認識していただきます。経営層へは、教育というより、経験に基づく品質に関する自身の思いを語っていただくことで、自分自身を振り返ってもらうというやり方が有効です。経営者へのインタビューという形式でしゃべってもらい、それを一般社員に視聴してもらうのです。

(2) 一般社員への教育

一般社員に向けてのテクニカルな教育は、事業領域の競争力を上げるために必要なキャリアを組織として明確化し、キャリア別に求めるスキルをレベル毎に設定することが重要です。そのように具体化することで、会社が求める人材の種類・質・量の可視化を行います。その上で組織の教育計画を策定

します。

職種や分野毎にどのようなテクニカルなスキルが必要なのかは、「情報処理推進機構（IPA）」が公開している「ITスキル標準」が参考になります。

品質管理やテスト以外の、プロジェクトマネジメントや要件定義、設計技法、といったソフトウェア開発に関する教育すべてが、品質の良い製品やシステムを開発するために必要です。これらの教育をバランス良く受講する必要があります。どの教育を受講したらいいかわからない人のために「教育受講コンシェルジェ」を設定している会社もあり、その人にマッチした講座と受講の時期をアドバイスしています。

多くの人が教育を受ける時間がとれないといった場合は、現場の受講状況の実態を、経営層と共有する必要があります。本業の忙しさが理由だったり、本人の教育を受けるモチベーションの低さが理由だったりします。その上で、人事部門と調整して昇級やキャリア認定といった会社制度と教育の受講をリンクさせて、個人毎の年間計画を設定し、受講を推進させるのも一つの方法です。

品質に関するマインド面の教育は、経営層からの講話やメッセージを全社員に定期的に発信することによる、企業文化の醸成が重要です。さらに、一過性で終わらず定期的に発信し続けることが必要です。

(3) 品質を重視する企業文化が生まれる制度を設ける

品質保証部門が実施する教育では、「品質の本質はお客様が価値を感じる満足の度合いである。そのために私たちは製品やシステムを提供している」ということを伝えましょう。価値を感じていただければ、お客様との関係を継続でき、ビジネスを継続・発展できますが、価値を感じていただけなければ、ビジネスは収束・終了となってしまいます。

また、教育に加えて、品質改善の活動を奨励し、活動の活発な組織やチームを表彰する制度を設けることで、品質を重視する企業文化が醸成されます。工場関係では、以前から品質向上の小集団活動が実施されてきましたが、同様な取り組みをソフトウェアの開発でも実施します。

ヒント2　教育の成果を組織に還元できる仕組みを作っておく

品質へのマインドを醸成し、新しい理論や技術を受講しても、受講者個人で抱え込んでしまうと、その成果は組織に還元できません。以下に示す方法で組織へ広めてください。

(1) 受講報告を組織の情報共有のフォルダやサイトで公開する

受講者が他者に参照してもらうという意識で受講報告を作成する必要があり工数がかかるため、受講者本人の意識を高めるとともに、上司の理解とフォローが必要です。

なお、どんな新着情報が登録されたかを組織内にアナウンスする仕掛けを作っておかないと、参照したい人が気づきません。

(2) 希望者を募り、受講者が講師となって勉強会を行う

受講者本人に他人に教えたいという強い意思が必要なので、誰でもできることではありません。講師をしてくれた人には何らかのインセンティブを設け、講師をサポートする体制を作ることで、勉強会がうまく開催できるようになります。

なお、講師と受講者という形でなく、受講してきた内容をネタにした検討会の形式で行うと、講師役の負担を軽減できます。

(3) 全社的な実践ノウハウの普及活動を実施する

教育で学んだ内容を実践した経験を発表する場を設定します。そこで発表することで、組織のメンバーは受講した教育が現場でどのように活かせるかを知ることができます。受講意欲が高まるとともに、実践に向けたハードルを下げる効果があります。人材育成や技術普及の側面があるので、品質部門だけでなく関連部門とタイアップして実施すると充実した活動になります。

Column

全社的な実践ノウハウの普及活動の事例

某社では、SI受託開発プロジェクト（お客様から委託されてシステムを構築する仕事）のQCD（Quality（品質）、Cost（コスト）、Delivery（納期））を確保するために、習得したノウハウを他のプロジェクトへ伝播するサイクルを構築しました。開発着手前に設定したQCDを達成できたプロジェクトとできなかったプロジェクトの中から、事例発表を行うものを選出します。半期に1回、選出されたプロジェクトが全社イベントで発表を行います。

品質部門は全社のプロジェクトのQCD目標と実績を把握しているので、QCDが高いレベルで達成できた、あるいは大きく未達だったプロジェクトから、発表候補の選出を行います。発表の可否について該当プロジェクトへ打診の上、発表プロジェクトを決定します。

開発技術部門は、高いレベルで達成あるいは大きく未達だった原因について、該当プロジェクトから報告を受けます。原因の妥当性について確認し、他のプロジェクトに有効な知見となるようにアドバイスします。

人材開発部門は、発表会のセッティングと司会などの当日の運営、視聴者アンケートの作成と結果のまとめ、各部署へのフィードバックを行います。

複数の事業所からも視聴できるように、発表会はリモート環境でも視聴可能にします。また、当日視聴できない人が後日視聴できるように録画も行います。さらに、優秀発表プロジェクトに対して表彰状の準備を行い、授与を社長に行っていただくように手配します。

この結果、視聴率はサテライト会場も含め70%に達し、視聴アンケートの結果では「参考になった」という回答が5段階評価で4.2の評価を得ました。また、発表者へのアンケートでは、「自プロジェクトでの施策を他プロジェクトへ紹介できたことが良かった」という回答が多くありました。

ノウハウ普及活動が3年経過した結果、プロジェクトのQCD目標が達成できるようになりました。

極意11

自ら考える機会を与えてこそ人は育つ

学んだ内容を仕事に活かすためには
どのようにすればよいでしょうか？

この悩みはもう少し具体的には、「指示したことは真面目に行うが、指示したこと以外はしようとしない技術者や、何か困ったことに直面すると、すぐに助けを求めてくるような技術者に、教育の成果を出させるにはどのようにすればよいのでしょうか？」「開発ノウハウが高まる人材育成を行うにはどのようにすればよいでしょうか？」というような悩みとしてよく耳にします。

ヒント1

ティーチングではなくコーチング

全般的には、ティーチングでなくコーチングのアプローチでの教育とします。ティーチングとは、先生が生徒に授業を行うように、経験豊富な人が経験の浅い人を相手に自分の知識やノウハウを伝える手法です。一方、コーチングとは、コーチとの対話を通じて、経験の浅い人が自身で主体的に答えを導き出すことです。

教育を行う際に講師（コーチ）の方へ心がけていただきたいのは、コーチングの手法を学び、本当に重要なことは直接教えずに、本人に気づかせるための問いかけを行うことです。

ヒント2

教育の場で、本人に気づきを与える

職場において作業手順を教える際には、ガイドラインやテンプレートに従わせるだけでは、教えられる人は考えることをしなくなります。なぜそのような手順となったのか、なぜそのようなチェック項目が必要なのか、それらを制定した目的や背景を説明して理解してもらうことが重要です。そうしないと、自分で考えて行動しなくなります。

また、理論や社内標準を伝える座学だけでなく、チーム討議や演習を取り入れることで、気づきの場を多くした研修にします。その際のチームの人数は３～４人で行うと発言の機会が多くなり参加意識が保てます。

問題解決は「その状況に置かれた当事者本人が一番正しい答えを出せた」と思えるような疑似体験を積むケーススタディ研修を行います。判断・行動を繰り返し経験させた上で、実業務を任せることが効果的です。

ヒント3

他人に教えることで自身も成長する

教えられるばかりでなく、教わったことを他人へ教えることで、自身も成長します。他人へ教えるとなると、自身が理解しなければと努力するし、自身よりも経験の浅い人にもわかるように説明の仕方も工夫するようになります。

某会社では、新入社員は１年間はトレーニーとして仕事を教わる立場ですが、２年目になるとトレーナーとして後輩となる新人を教える立場になる制度になっています。新人にはあらかじめ２年目には教える立場になることが説明されているので、トレーニー期間中も完全な受け身ではいられず、能動的な行動をとるようになります。

Column

「ものがたり」を使ったケーススタディ

某社ではプロジェクトマネジメント力を育成するための研修を実施していました。形態はケーススタディ形式とし、教材は学んだことが記憶に残りやすいよう、とあるプロジェクトの顚末を書いた「ものがたり」を使用しました。研修の結果としては、参加した人の満足度が高く、職場に戻って実業務での実践にも役立ちました。

教材として使用した「ものがたり」は、実際のプロジェクトの開始から終了までを小説風に書き下ろしたものです。実名は伏せていますが、実際のプロジェクトで起きた話なので、読者は臨場感を感じます。また、ストーリー性があることによりエピソード記憶（個人の経験に基づく記憶）として記憶に残るため、教育としては有効なやり方と言われています。

この「ものがたり」を執筆するにあたっては、対象とするプロジェクトの選定と、執筆する人がポイントとなります。

対象とするプロジェクトは、研修を主催する部署が選出します。その際には、大規模であるとか、先端技術を採用したなどの、リスクのあるプロジェクトを選定します。リスクに対してどのようにプロジェクトマネジメントしたのか、という点を書くためです。選定する時期は、プロジェクトの終盤としました。終了した後だとプロジェクトは解散してしまい、当事者の記憶もどんどん薄れていきます。ですから、記憶に残っているうちに記録を残してもらいました。

執筆する人は、プロジェクトのメンバーから立候補してもらうか、研修を主催する部署が担当しました。プロジェクト発足から終了までの間にいろいろな出来事がありますが、その出来事に対して、どのような背景で、どのような判断を行い、結果はどうなったのかをポイントに「ものがたり」を構成します。実際の執筆には数か月から半年かかりました。一部は脚色しますが、基本的には事実を記載していきます。ですから読者は「あるある感」を持って読むことができます。すべての氏名や会社名などの名称は変更して、元はどのプロジェクトであったのかはわからなくしました。

執筆が終わったら、当時のメンバーの方に事実と大きく異なることはないか確認してもらいました。その後、印刷・製本を行い、社外秘扱いで社内に配布しました。読後の感想をアンケートしたところ、「臨場感のある内容で、プロジェクトのメンバーになりきって一気に読んでしまった」との回答をいただきました。

研修で使用するにあたって、目的はプロジェクトマネジメント力の育成であるので、参加メンバーは将来のマネージャー候補を各部署から選出してもらいました。人数は十数名で、日々の業務から離れ研修に集中するため、一泊二日の合宿としました。

参加メンバーには事前に「ものがたり」を読んでおいてもらいます。研修の中では「ものがたり」のある場面で登場人物がとった判断や行動について「あなただったらどうする？」という質問をします。参加メンバーから回答してもらい、それについてメンバー同士で議論する、ということを複数回繰り返します。

参加メンバーに研修の感想を聞いたところ、「事前に「ものがたり」を読むことで、プロジェクトの疑似体験ができました。さらに、ケーススタディを通して、その時の局面に対応した判断の仕方を体験することができました。将来マネージャーに登用された際には、現場で活躍できるようになりそうです」との回答をいただきました。また、合宿で同じ釜の飯を食べた仲間同士として連携が強まるようで、職場に戻ってからも連絡をとり合っているようでした。

極意12

現場が認識を持つべき法規制を明示する

法令に抵触する開発を防ぐには
どのようにすればよいでしょうか？

開発中に知らずに法律に違反したり、オープンソースソフトウェア（OSS）のライセンスに違反したりすると、たいへんな手戻りが発生します。これにより予定外のコストや時間がかかり、プロジェクトの成功を大きく阻害する可能性があります。また、法律違反が発覚した場合、企業、所属部門や自身の評判や信頼が失墜し、顧客との取引停止や刑罰などの深刻な影響も発生するおそれがあります。信用は、地道に信頼を積み重ねることで築かれますが、一度失われた信用を再構築するのは、最初から築くよりもずっと困難です。

ヒント1 コンプライアンスに組織的に取り組む

コンプライアンスは企業の姿勢であり、組織的に取り組むことが重要です。コンプライアンス違反とならないための観点としては、以下のものが挙げられます。

- 会社のルールだけに頼るのではなく、プロジェクトの計画段階で法令抵触をチェックする手順を明文化しておく
- プロジェクトが犯す「無知の罪」は会社全体で阻止する
- 品質保証部門の直接的な担当範囲を超える場合は、担当部署と連携してルールを作る
- 受託開発の場合は、OSSの使用を認めないお客様もいるので、要件定義の時点でお客様に確認する
- いろいろなルールを守るために必要なコストや時間を計画段階で考慮で

きているか、という点も確認する（全く余裕がないと、品質不正に繋がるリスクも生じかねない）
- コンプライアンスを遵守する仕組みが、パッチワークではなく適切に、透明性を保証する形で実施されているか自主評価する
- コンプライアンスをめぐる論点は多岐にわたり、立場や前提の違いによって想定する内容が異なるため議論のすれ違いが発生しやすいので、特に組織横断的な対応が必要な領域は、共通理解を互いに確認する
- 「そもそも法令（社会システムとしてのルール）、組織ルールとは何か？」その本質を問い直す

Column

「無知の罪」とは

「無知の罪」は、自分の無知を自覚せずに、間違った決断や行動をしてしまうことです。法律や規制を知らないことで起こり得るソフトウェア開発におけるコンプライアンス違反に関する「無知の罪」としては以下のものが考えられます。

- **著作権侵害**：知らずに他人の著作物（コード、画像、音楽など）を使用し、著作権法に違反してしまう
- **プライバシー侵害**：個人情報保護法やGDPR（一般データ保護規則）などのデータ保護法を知らず、ユーザーのプライバシーを侵害してしまう
- **ライセンス違反**：ソフトウェアに使われるサードパーティのライブラリやコンポーネントのライセンス条項を理解せず、適切な使用許諾を得ないまま利用してしまう
- **業界規制の違反**：特定業界の規制や、対象国に関するコンプライアンス遵守事項（たとえば技術輸出の制限）を把握できずに違反してしまう

これらのコンプライアンス違反は損害賠償責任のみならず法的制裁をもたらすことがあります。DX時代は環境変化が激しく、過去のスキルや経験だけでは対応が難しくなっています。常に自律的に学び続ける姿勢が大切です。

極意13

セキュリティに関わる訴訟の判例を押さえる

開発現場に必要なセキュリティの対策／対象範囲（どこまでやればよいか）とはどのようなものでしょうか？

インターネットに接続するウェブシステムは、「セキュアなシステムを構築しなければいけない」との認識があっても、顧客からセキュリティ要件を明示されない場合に、どこまでセキュリティを考慮すればよいのか判断がつかない場合があります。

インターネットの世界は、サイバーアタックなど、潜む犯罪の脅威を否定できず、もし、侵入されることがあれば、犯罪に手を貸すことに繋がりかねません。

セキュリティ要件については、要求提示がなくとも必要な対策を講じる義務があります。それを怠った場合債務不履行が認められる場合があります。

ヒント1 外部情報や専門家を活用する

プロジェクトに適したセキュリティ要件（守るべきものとその防御策）に関する法律や判例、法的文献や具体的に明示されている施行規則などで公開されている外部情報を活用します。

プロジェクトの目的と業種を明確にし、関連する法律や規制を把握します。たとえば個人情報保護法が関連する可能性があります。

国が違えば法律も違います。法律に関する日本の常識は必ずしも海外では通用しません。各国・地域の法規制も調査し、プロジェクトが国際的なものである場合には、対象国々の法律や規制に準拠しているかを確認します。

判例／法的文献を調査するために、オンラインデータベースや司法ウェブサイトを活用します。たとえば裁判所の「裁判例検索」で裁判例を検索することができます（https://www.courts.go.jp/app/hanrei_jp/search 1）。

IPA公開情報の「安全なウェブサイトの作り方（第7版）」なども活用できます。

セキュリティ要件に関する専門家や弁護士と相談し、プロジェクトの法的リスクを評価します。専門家や弁護士は、過去の事例や最新の法的動向に精通しており、プロジェクトに関する具体的なアドバイスが可能です。複雑な法的問題や状況が発生した場合は、専門家や弁護士の意見を求めて適切な対応を行う必要があります。

ヒント2 開発者が法律の基礎知識を持つ

組織の長、品質保証部門は法規制に敏感になるべきであり、知らなかったでは済まされません。

法律や規制に関する情報をプロジェクトチーム全体で共有し、意識を向上させ、関連する法律や規制についての研修やセミナーを開催することも有効です。開発者が法律の基礎知識を持っていれば、法律違反のリスクを低減することができます。

法律や規制の変更を迅速にキャッチし、プロジェクトへの影響を評価し、定期的に関連法律や規制の動向をチェックして、必要に応じて対応策を立てるようにします。法律や規制は変更されることがあり得ますので、最新の情報を把握しながら開発プロセスに適切に反映させることが重要です。

法的な観点からシステム開発や運用をする際に、「○○を進めるとき、△△に関する法律の問題がないか確認しよう」という意識を持つことが大切です。技術の進歩や規制の変更が激しい環境での品質マネジメントでは、「反対利益」のような法的観点を学びます。たとえば自組織でどのような利益が守られるのか、自組織でその利益を守ることで、他方で自組織外ではどのような利益が損なわれるのかなど、常に真反対の立場を意識し、リスクを確認する機会を持つことが重要となります。

関連する技術法規制において、市場に出す製品やサービスがセキュリティの観点から安全で、脆弱性が適切に処理されていることを保証するために、製造業者や提供者に求められる適合性証明のための脆弱性処理プロセスの一般的な要件である脆弱性管理ポリシー、脆弱性の特定と評価、パッチ管理、インシデント対応プロセスなどを活用します。

ヒント3

ルールとは何かを考え直す

組織として法令遵守に取り組む守りと攻めのガバナンスを考えるに際し、そもそも法令（社会システムとしてのルール）や組織ルールとは何かをまずは考え直す必要があります。

組織ルールには、因果律が成立する部分のルール、すなわち法令のように秩序として確実性を求める部分のルールと、即時性に意義があるルール、すなわちその時に変えるべきルールの部分があります。これらを十把一絡げでルール化しようとすると、ルール遵守意識が希薄になり、決めたルールが守られず、ルールが形骸化しやすいです。

はじめに組織ルールありきではなく、以下の3点について客観的な根拠と前提を元に組織で徹底的に議論した上でルール化することが大切です。

- **ルール化するところを考える**
- **ルール化できないところを考える**
- **ルール化してはいけないところを考える**

Column

ソフトウェアの法令対象の拡大

ソフトウェアを対象とする法規制が広がりを見せています。従来の枠に捉われず、DX時代に求められる法規制の新たな動向にアンテナを高く張る必要があります。たとえば欧州AI規制法案を前提にした、欧州製造物責任指令（PLD）の改正案（2022年9月）は、まだドラフト段階であり変更が予想されるものの、で提案された革新的な変更として、その第10条は次のように述べています。

「経済事業者は、製品の欠陥が次のいずれかに起因する場合、製造者の管理の範囲内にあることを条件として、責任を免除されない。(a) 関連サービス　(b) ソフトウェアの更新またはアップグレードを含むソフトウェア、または(c) 安全性を維持するために必要なソフトウェアの更新またはアップグレードの欠如」

この変更により、たとえば「一定のサイバーセキュリティレベルがない場合は瑕疵（かし）と判断される」「データのLossやCorruption、またDefectやHarmなどに関するインシデントトレーサビリティの失敗なども、一定の（安全関連を含む）サイバーセキュリティレベルがない（＝瑕疵）と捉えられる」可能性があります。

この改正案は、ハードウェアメーカーだけでなく、ソフトウェアプロバイダーや、製品の動作に影響を与えるデジタルサービスのプロバイダー（たとえば自動運転車のナビゲーションサービスのプロバイダー）も、製造物責任を負う可能性があることを示しています。

第3章

プロジェクト共通レベルの
ソフトウェア品質マネジメント

プロジェクトのライフサイクルを通して留意すべきポイント

ソフトウェア製品の品質は、ソフトウェアを開発するプロジェクトが健全に実行し終結する「プロジェクト品質」が維持されなければ確保できません。そして、プロジェクト品質は、組織による支えと組織に対するフィードバックPDCAによってより良い品質を保つことができます。

本章では、多様なソフトウェア開発プロジェクトのさまざまな場面で共通に必要とされるマネジメントポイントを以下の５つに分けて述べます。

3.1　意思決定のマネジメント
3.2　調達のマネジメント
3.3　リスクマネジメント
3.4　構成管理
3.5　プロジェクトマネジメント

3.1　意思決定のマネジメント

SQuBOK 2.8

予期せぬ事態に備える意思決定のための極意

極意14　お客様が何に重きを置くかで最終判断
極意15　工程完了判定は中間評価で早めの準備
極意16　課題の状態観測と優先度付けにより問題発生を予防

意思決定とは、プロジェクトの発足や中止、軌道修正や続行を判断することです。プロジェクトマネージャーやプロジェクトリーダーは、プロジェクトの進行過程でいくつもの予測しない事態に遭遇し、その都度、意思決定を求められます。

厳しい期間とコストの制約のもとで目標を達成するために、プロジェクトにとって「事前に適切な意思決定プロセスを定めておき、タイミングを逸さず、過大なコストをかけずに意思決定すること」が重要となります。

プロジェクトの意思決定を行うためには、意思決定者が納得して合意するための土台があり、判断の基準（ハードル／閾値（しきいち））を設定して維持し、判断のタイミングを逸さないことがポイントになります。

3.2 調達のマネジメント

SQuBOK 2.9

製品・サービスや人的資源を外部から調達し、QCDを満足させるための極意

極意17 製品調達は調達前の見極めが命

極意18 クラウドサービス提供者との責任分担を明確に

調達のマネジメントとは、必要となる既製の製品やサービス、人的資源を外部から調達し、QCDをマネジメントすることです。適切な調達により、コスト削減、スケジュール遵守、生産性向上を実現するだけでなく、自社にないノウハウや専門スキルをもつサプライヤーと協力することも可能となります。その一方で、調達準備やマネジメントに要する工数、調達先とのコミュニケーションの課題などもあり、QCDを確保できるのか見極めることも重要です。また、調達するリソースに応じた品質マネジメントを行わなければ、品質低下やリリース遅延などのトラブルを招きかねません。

外部からの調達の背景には、ソフトウェアの開発規模の増大や短期リリース、あるいは情報システムの構築や運用のコストを削減するという市場や顧客の要求があります。これらの要求に応えるために、技術者などの人的資源を請負契約や派遣契約により調達する方法があります。また、特に短期リリース、速やかなシステム構築や運用コストの削減のために、既成の製品の調達やクラウドサービスの調達などがあります。

3.3 リスクマネジメント

SQuBOK 2.10

変化するプロジェクトのリスクレベルを継続的に監視し、優先度に応じてコントロールするための極意

極意19 リスクは定期的に監視することでコスト削減可能

極意20 顧客とのリスク共有がリスク低減に繋がる

リスクマネジメントとは、プロジェクト成功の可能性を高めるために、プロジェクトにおけるリスクの発生頻度やリスクインパクトを減少させる一連のプロセス（リスクアセスメント⇒リスクへの対応⇒リスクの監視）を行うことです。リスクアセスメントは、リスクの特定、分析、評価を含みます。

リスクマネジメントで主に留意すべきポイントとして以下が挙げられます。

- すべてのリスクに対応することは現実的でないため、発生確度やインパクトから優先度や対応方針（回避・軽減・転嫁・受容）を決定する
- リスクの有効性の変化や新規リスクの発現を定期的に監視する
- 立場によって捉えるリスクが異なるため、ステークホルダーの意見を考慮することが重要であり、協力とコミュニケーションを通して共通理解を形成し、最適な対応方針を作成する努力が必要

3.4 構成管理

SQuBOK 2.11

成果物の変化を管理し、再現性とトレーサビリティを確実にするための極意

極意21 プロジェクト特性に合わせて構成管理手法を決める

極意22 トレーサビリティの確保は、まずは、V字の両端から始める

構成管理は、情報システムのライフサイクルを通して、ソフトウェア作業成果物（ドキュメントやソースコードなど）やシステムを構成する要素（OS

やフレームワーク、データベース、開発環境、ハードウェアなど）を識別し、その組み合わせの関係と変化を管理することです。これにより、特定の時点における構成の再現と追跡を可能にします。

構成管理の活動には、構成要素の識別とベースラインの設定、変更管理、バージョン管理、構成評価、インタフェース管理、ビルド・リリース管理、不具合管理、トレーサビリティ管理などがあります。トレーサビリティ管理は、要求事項からソフトウェア品目（プログラムやモジュールなど）への追跡が可能であるだけでなく、逆方向にたどれることを含みます。

3.5 プロジェクトマネジメント

SQuBOK 2.12

QCDを守り、プロジェクトの目的を達成するための実行管理の極意

極意23 「問題なし」報告は何の問題がないのかを聞き返す

極意24 プロジェクト推進は、全体の成功を目標に行う

プロジェクトマネジメントとは、品質やコスト、納期などの制約のもとで、プロジェクトの目標を達成するための計画立案や実行管理を行うことです。その対象は、品質、コスト、スケジュール、リソース、コミュニケーション、リスクなど多岐にわたります。プロジェクトマネジメントの知識体系として代表的なPMBOK（プロジェクトマネジメント知識体系）やP2M（プロジェクト＆プログラムマネジメント）など、プロジェクトマネジメントに関する規格としてISO 21500などがあります。

プロジェクトマネジメントの対象に大きく影響し、QCD達成の鍵となるものに進捗管理があります。進捗管理では、成果物の出来上がり具合が成果物作成の各担当から高い精度で適切に報告されているか、また、遅延が生じた場合にその情報がプロジェクト全体で共有され、全体の問題として解決策が実施されるようになっているかが、ポイントになります。

極意14

お客様が何に重きを置くかで最終判断

プロジェクトの状況を読み間違えず、適切に意思決定するためにはどのようにすればよいのでしょうか？

「順調に進行中」と報告されていたプロジェクトで、稼働直前になって一部の機能に重大な不具合があることが判明する場合があります。機能を縮退させてでも納期を守るか、稼働を遅らせ全機能を一斉稼働させるか、早急に決定しなければならないところです。当該機能の業務への影響について顧客から情報収集するのに時間を要し、さらには顧客の意向を読み間違えて機能縮退を提案し、顧客上層部より撤回されてしまったことはないでしょうか。

スケジュールやコストが大幅に超過した上に、報告の迅速性や業務への理解不足という点で、顧客の信頼を大きく毀損してしまい、契約違反と見なされペナルティ問題に発展してしまう可能性もあります。

トラブルの要因を挙げると以下の２点が考えられます。

- **業務への影響調査やエスカレーションに時間がかかってしまった**
- **顧客上層部の意向に沿わない機能縮退案を提示したため、撤回されただけでなく不信感を持たれてしまった**

このようなトラブルを起さないためには、顧客とのコミュニケーションが重要です。

ヒント1

顧客との打合せを定期的に開催する

作業進捗の打合せで「順調」という報告が続くと、顧客側の担当者が欠席したり、会議開催がスキップされたり、情報交換がおろそかになりがちです。このような状況では、万一重大な問題が発生して対策を検討したいときに、業務に詳しい顧客の担当者との連携に時間がかかり、エスカレーションするのが遅くなります。その結果、重要な意思決定のタイミングを逃がしたり、誤った決定をしたりすることにも繋がりかねません。

顧客とコミュニケーションを継続するために、プロジェクトの進捗報告では、「進捗は順調」というだけのうわべの報告はできるだけ避けます。顧客の意図（プロジェクト目的の何を重視しているか、どの機能に重きを置いているかなど）に対して適合しているか、齟齬が生じていないかを確認できるような報告を行い、乖離が発生していれば双方向で相談ができるように意識することが重要です。

会議での報告事項は、報告する側の報告したいことが中心となり、お客様が聞きたい内容が含まれない場合がよくあります。議題を設定する際には、お客様の聞きたい内容や関心事にフォーカスを当て、報告事項に含めることにより、参加意識を持続させるとともに、認識違いの発生を防ぎます。

ヒント2 顧客側・受注側のプロジェクトオーナー同士のコミュニケーションの機会を構築する

顧客側および受注側のプロジェクトオーナー（最高責任者）同士が定期的に顔合せする場を設け、上層部同士の意思疎通を図ります。その結果、顧客側のプロジェクトオーナーが組織内でコミットしている内容や品質に対する考え方を把握し、緊急事態になった場合に相談するための下地を作っておくことができます。

たとえば、開発の節目にプロジェクトオーナーおよび主要部門が出席する会議（ステアリングコミッティ）を設定し、対話の場面を作ります。節目の例として、プロジェクトのキックオフ、要件定義の終了、外部設計の終了、テストの終了、リリース判定などがあります。

さらに、仕事場以外でのコミュニケーションなどにより、最高責任者同士の距離を縮め、信頼関係を作っておくなどの取り組みが有効です。

極意15

工程完了判定は中間評価で早めの準備

進捗を急ぐあまり、工程完了判断を誤ってしまうことを
防ぐにはどうすればよいのでしょうか？

要件定義工程の工程完了条件の一つとして「すべての要件項目について顧客レビューが完了していること」を設定していながら、顧客レビューの完了度合いを工程の中間で評価する建付けにしていないことがあります。

この結果、工程完了間際に行った完了判定で、顧客レビューが完了していない要件項目が残存する場合があります。しかし、残存していたものを重要な要件ではないと判断し、次工程の中で残存しているレビューを継続することとして、次工程を開始してしまいがちです。それにより、次工程の外部設計の中盤で、要件定義で決定しておくべき重要な要件項目が未決定であることが設計項目に広く影響を及ぼし、大幅な手戻りを起こしてしまう可能性があります。

ヒント1

工程完了条件は中間時点でも評価を行う

工程終了間際になって初めて工程完了条件に達しているかを判定する建付けになっていると、基準に達していなかった場合にキャッチアップ（予定通りに工程完了すること）ができないことになりかねません。工程完了判定は終了間際だけに行うのではなく、工程完了条件のうち重要な項目は中間時点でも評価を行う建付けにしておきます。工程の中間時点でも計測可能な基準（実施済となるべきタスク、達成すべき進捗度合いなど）を設けて中間評価を行うことにより、早めの判定着手ができ、工程終了までのキャッチアップ計画を立てて実行できるようになります。さらに、工程完了の判定作業を短期間で実施できるため、判定結果待ちの期間が短くなり、次工程を速やかに開始できます。

ヒント2 顧客と受注者が合同で決定・判定する

工程完了条件の決定および完了判定は、顧客と受注者双方の責任者が合意しながら行うように計画して実施し、「工程管理はプロジェクト全体で行う」という認識を持つ必要があります。これにより、受注側が都合のよい工程判定をしてしまうことを防止するとともに、顧客側が「任せているのであとはよろしく」という一任する意識になるのを防ぐことができます。

ヒント3 工程完了条件のみでなく、工程開始条件を設定する

「工程を完了してよいか」という観点に加え、「次工程に着手できる条件が整っているか」という観点で工程開始条件を設定すると、見切り発車による手戻りを防ぐことができます。

あるプロジェクトの取り組み例を紹介します。単体テストが終了し結合テストに移行するにあたり、単体テストの工程完了条件を設定し、それに加え、結合テストの計画書が作成済であるという工程開始条件を設定しました。その結果、次工程の結合テストの立ち上がりをスムーズにできました。

極意16

課題の状態観測と優先度付けにより問題発生を予防

重要事項の未解決を放置しないでプロジェクトを
進めるにはどうすればよいのでしょうか？

外部設計工程で検出した課題が順調に消化されているように見えたため、影響の大きい残課題に気づけず「プロジェクト推進に問題はない」と誤判断することがあります。

設計課題一覧を作成し、検出課題の洗い出しと状況整理を行い、未消化の課題数が増加傾向になければ、特段のフォローは行いません。なお、課題が消化できたかどうかについては、正確を期すために、判断材料がすべて揃ったことを確認してから判断します。

ところが、工程終了間際になって、残存した設計課題をチェックしたところ、数は少なかったものの、複数分野に跨った影響の大きい設計課題が残存したままであることが判明することがあります。その結果、対応のための手戻りが大きくなり、完了判定が延伸し、後工程に影響してしまいます。

このようなトラブルを起こさないためには、判断材料がすべて揃ってから課題の消化を判断して最適解を得ようとするのではなく、手遅れにならないタイミングに優先度を付けて意志決定する必要があります。

ヒント1 未解決課題を定点・定時観測し、全体像を把握する

課題を解決しないまま放置していると、プロジェクトが進行するにつれて未解決による影響が周りに広がって大きな問題になり、プロジェクトが立ち行かなくなってしまいます。

そういった事象を防ぐためには、個々の課題解決を促すだけではなく、未

解決課題の出現傾向（量・質）とその差分（増減）について俯瞰的な定点・定時観測を行います。そして、件数が増加傾向にあるのか、収束傾向にあるのかといった、全体の傾向を把握した上で、進捗会議で早期解決を促し、課題解決のスピードをコントロールすることが重要です。

ヒント2 課題解決の優先度を設定する

課題検出総数と解決・未解決の件数を管理するのみでなく、以下の観点で傾向を分析し、どの課題から解決すべきかの優先度を設定します。

- **分野別未解決課題数**
- **重要度別（他への影響度別）未解決課題数**
- **他の課題に影響を受ける課題の重要度**
- **解決リミットまでの残日数**
- **未解決のままの経過日数**
- **対応担当者別の未解決課題数**

上記について、前回との差分（増減）を進捗会議で報告し、課題対応の対応時期と優先度を設定することにより、工程終盤での問題の顕在化を防ぎ、早期解決を促すことが可能になります。

極意17

製品調達は調達前の見極めが命

製品ベンダーの納入仕様が顧客要求を満たせないことが判明してしまいましたが製品ベンダーに対応してもらえません。このような状況に陥らないためにはどうすればよいのでしょうか？

機能レベルで顧客要求と一番マッチしたある海外製品が、性能についても顧客要求を十分に満たせる仕様であったため採用に踏み切ったが、性能試験で実際に計測すると仕様書記載の数値に対して70%の性能しか出ないといったことが判明するケースがあります。

その解決のため、製品ベンダーに申し入れても、「一部の機能カスタマイズが原因であり、短期間での性能改善はできない」との回答で、プロジェクトリリースに間に合わせることができず、顧客から遅延損害金まで請求されてしまうことがあります。

ヒント1 製品実績とベンダーサポート力を調達前に確認する

製品調達の見極めとして、まずは社内外の製品導入実績を確認する必要があります。実績が多いほど性能を含めて品質全般は安定し、信頼性は上がります。一方、実績がない、もしくは少ない場合、信頼性や安定性に不確実な要素が多いと考えられるため、製品のテスト結果や品質保証に関する情報を製品ベンダーから入手するなどの対応をとっておくことが必要です。

また、不具合があった場合に迅速な対応をしてもらうためには、製品ベンダーの開発力・サポート力が不可欠です。テクニカルサポート体制やプロフェッショナルサービスの有無、海外製品の場合は日本窓口の有無や本社との力関係を調達前に確認しておく必要があります。

ヒント2

顧客要求と整合性がとれているかを顧客と確認する

調達候補となる製品の仕様書を入手し事前に顧客要求と比較します。今回のケースは性能要件が満たせなかった事例ですが、まず顧客の性能要求を理解して具体的な指標や基準を顧客と合意形成しておくことが前提です。その上で製品の性能指標・容量・速度・信頼性・互換性などを事前に評価します。予定しているカスタマイズ内容や顧客の使用条件などを製品ベンダーに伝えて直接確認することにより、問題を早期に発見できる可能性があります。

なお、性能要件以外にもさまざまな観点で顧客要求との整合性確認が必要となります。主な確認ポイントには以下のものがあります。

- **機能整合性（機能レベルでのFit & Gap）**
- **カスタマイズが前提の場合、機能拡張性やカスタマイズ可否**
- **顧客使用条件（ユーザー数、拠点数、アクセス頻度、同時アクセス数、ピークトラフィックなど）への対応可否**
- **可用性／品質／性能／耐障害性／セキュリティの脆弱性／保守性**

顧客指定の製品でも整合性確認の結果、ギャップが大きい場合は別の製品を顧客に提案することも検討すべきです。また可能であるならば、実機を用いた事前検証を行うことは非常に有効です。

ヒント3

調達後はリスクマネジメントで対応する

製品の調達では、事前の見極めを慎重に行ったとしても、リスクはゼロとはなりません。調達後はリスクマネジメントを行い、リスクが顕在化した場合に備え、別の製品へ切り替えるなどの代替手段を用意しておくケースもあります。以下に例を示します。

- **新製品利用：利用実績がない、もしくは少ないため**
- **海外製品利用：文化などの違いから、仕様変更やバグ対応が国内ベンダーより難易度が高いため**

極意18

クラウドサービス提供者との責任分担を明確に

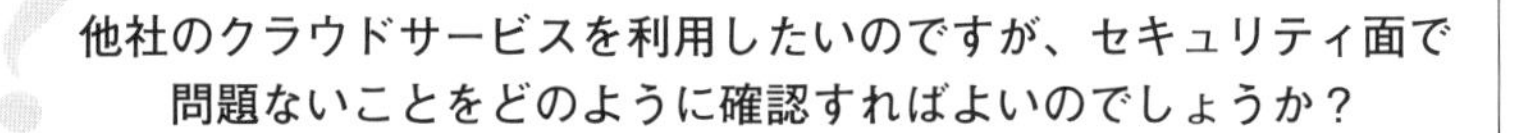

他社のクラウドサービスを利用したいのですが、セキュリティ面で問題ないことをどのように確認すればよいのでしょうか？

本「極意」は、他社（クラウドサービス提供者）のクラウドサービスを調達して顧客（エンドユーザー）にソリューションを提供するベンダー（クラウドサービス利用者）の立場で記載します。

他社のクラウドサービスを調達して顧客にソリューションを提供する企画において、セキュリティに関して具体的に何をどのようにチェックしたらよいのか、クラウドサービス提供者に何を確認したらよいのか、クラウドサービスを調達し利用する立場として考慮すべきことは何なのかがわからず、調達に踏み切れないことがあります。

ヒント1 クラウドサービス提供者とクラウドサービス利用者がそれぞれ果たすべき責任を明確にする

他社のクラウドサービスを調達して顧客にソリューションを提供する場合、「クラウドサービス提供者／クラウドサービス利用者」の２層構造で顧客へサービスを提供することになります。したがって、提供するセキュリティレベルについて、クラウドサービス提供者およびクラウドサービス利用者がそれぞれ果たすべき責任を明確にして、提供するSLAやセキュリティレベルを顧客と契約することが重要です。SLAはService Level Agreementの略で、サービスの提供事業者とその利用者の間で結ばれる、サービスのレベルに関する合意サービス水準、サービス品質保証などと訳されます。

他社クラウドサービスに対する主なチェックポイントを、他社クラウドサービスの利用契約書・約款、提供元の環境とシステム管理状況、そして利用者の管理機能を対象として、**表3.1**に示します。

表3.1 他社クラウドサービスに対する主なチェックポイント

チェック対象	チェックポイント
サービス利用契約書・約款	・クラウドサービス側で保管する情報に対する機密保持と、保管情報の漏洩・紛失についての取り扱い ・個人情報を扱う場合、Pマークまたはそれに準ずる国際認証取得の有無 ・サービスの運用上発生したセキュリティインシデントの報告／連絡
提供元の環境とシステム管理状況	・データセンターなど堅牢性が保証された環境の利用 ・システム管理者操作に対するログの取得 ・脆弱性診断・ウイルス対策の実施状況 ・システムの削除・機器の廃棄の方式（不正利用が行われない方式）
利用者の管理機能	・アクセス制御の可否（ID／パスワード管理、アクセス端末やネットワークの制御） ・アクセスログの確認可否 ・ダウンロード／アップロードの制限可否

ヒント2
顧客要求を満たせない項目があってもメリットが大きければ対策を講じて実施する

他社クラウドサービスに対するセキュリティチェックの結果を踏まえ、顧客要求を満たせない項目があるかを確認し、採用可否を判断します。他社クラウドサービスの仕様により顧客要求を満たせない項目があっても、採用のメリットが大きいと判断される場合は、以下のいずれかの方針で進めることがあります。

- **顧客要求を満たせない項目について、利用者側での対策可否を検討し、可能であれば対策を講じる**
- **利用者側で対策を講じることができない場合、ソリューション提供に関する制限事項や前提条件を記載し、クラウドサービス提供者とクラウドサービス利用者双方の責任範囲を明確にした上で、顧客と契約を行う**

なお、チェック結果から採用するメリットが少ないと判断される場合は、別の手段（別のクラウドサービス調達や代替手段）を検討します。

極意19

リスクは定期的に監視することでコスト削減可能

リスクと捉えていたにもかかわらず、結局トラブル（顕在化）となってしまいました。このような状況に陥らないためにはどうすればよいのでしょうか？

プロジェクト関係者で詳細なリスクマネジメント計画を策定したものの、立案したリスク対策を実施するためのリソースと工数の不足により、リスク対策ができず、リスクが顕在化してしまうことがあります。

また、プロジェクト開始時点で捉えていたリスクに関して、予兆となる事象がプロジェクトメンバーの一部で検知されても、プロジェクトマネージャーが認識せず、リスクが顕在化しプロジェクトに多大な影響を与えてしまうこともあります。メンバーが検知した時点でプロジェクトマネージャーが察知できていれば、影響は最小限に抑えることができたと考えられます。

ヒント1 すべてのリスクには対応しない

すべてのリスクに対応するためのコストを確保することは不可能です。そのため、リスクの発生確率と影響度を考慮して対応方針を決定し、優先順位付けを行う必要があります。この優先順位付けがうまく行われないと、リスクマネジメントの機能が低下し、重大なリスクを見逃したり、適切なタイミングでの対策がとれなくなったりする可能性があります。

優先順位付けは、発生確率と影響度（インパクト）の積を評価して行う方法があります。たとえば、リスクAは影響度も発生確率も高く、リスクBは影響度が高くても発生確率が低い場合、リスクAをリスクBよりも優先して対策するという考え方です。ただし、優先順位はプロジェクトの目標や要件、利害関係者のニーズによっても影響を受けるため、総合的に判断する必要があります。また、プロジェクトレベルで対策するのではなく、上位の組織レベルで対策すべきリスクも存在するため、優先順位付けの際にはプロジェクトの範囲内で対策すべきリスクかどうかを見極める必要があります。

また、顕在化しても影響度が低いと予測されるリスクについては、回避策をとらずに受容することや、リスク顕在化時の対応責任を第三者に移転することなども有効な対応策となります。

さらに、リスクにはプラスの要素も存在します。予想外の好機やプロジェクトの利益向上の可能性を特定し、チャンスを捉えるための戦略をリスク対応計画として策定することも重要です。

ヒント2 絶えず変化するリスク状況を監視する

プロジェクト進行中、リスク状況は変化します。計画当初に決めていたリスクの優先順位や対応方針の有効性も変化するため、定期的な監視と優先順位の見直しが肝要です。週次の進捗会議や、工程移行などのタイミングで確認し、リスクマネジメント計画を更新することが重要です。

プロジェクトスコープ（プロジェクトがやるべきことの範囲）の変更時はリスクが変化するだけでなく、新たなリスクが発現する可能性が高いため、リスクマネジメント計画の見直し・更新を忘れずに行う必要があります。

ヒント3 予兆を見逃さないための円滑なコミュニケーションを行う

リスクの予兆を見逃さないために、プロジェクトチームのコミュニケーションは不可欠です。定期的なミーティングやリスクマネジメント計画書の共有を行い、リスクの変化、新たなリスクの発現などについて早期検知できるよう、プロジェクトメンバーとプロジェクトマネージャー間はもちろん、ステークホルダーともコミュニケーションをとることが重要です。

極意20

顧客とのリスク共有が リスク低減に繋がる

お客様とのリスク共有が足りず、顕在化したリスクに対して受託側の責とされてしまいました。このような状況に陥らないためにはどうすればよいのでしょうか？

プロジェクトチーム内ではスタート当初からリスクと認識されていても、効果的な対策がなかったため、当該リスクを顧客と共有できないままプロジェクトが進んでいることがあります。リスクが顕在化したタイミングで速やかに顧客に状況を報告しても、「そんな話は聞いていなかった」と憤慨され、全面的に受託側の責とされてしまったことはないでしょうか。

また、プロジェクトスタート当初から定期的に顧客とプロジェクトリスクを共有していても、顧客には社内の内部要因のリスクを除いて共有することがあります。しかし、共有していなかった内部要因リスクが顕在化した場合、プロジェクトに多大な影響を与え顧客に迷惑をかけるばかりでなく、顧客との信頼関係が壊れてしまうことにもなりかねません。

リスクを顧客へ共有すべきと認識していても、実際にはうまく共有できていない場合が少なくありません。顧客へのリスク共有は、顧客との共同利益とプロジェクトのゴール達成のために必要不可欠であることを念頭において、適時適切な方法で共有を行うように心がける必要があります。

ヒント1 リスクマネジメントの透明性を確保し信頼関係を構築する

プロジェクトのリスクは初期段階から顧客と共有し、リスク対策について顧客の意見やフィードバックを得ておくことが重要です。それによって、プロジェクトチームでは見出せなかった解決策が得られることもあります。

また、リスクマネジメントの状況をプロジェクトの進捗状況と併せ、適宜顧客に報告することにより、リスクマネジメントの透明性が確保されます。さらに、適切なコミュニケーションでわかりやすく顧客の関心や懸念事項に対応することにより、顧客との高い信頼関係を構築することができるとともに、顧客からの協力も得やすくなります。

ヒント2

内部要因のリスクであっても顧客と共有する

プロジェクトチームが直接制御できる内部要因のリスクを顧客に詳細に共有する必要はないものの、内部要因であってもプロジェクトの進捗や成果物に大きな影響を与える場合には、適切なタイミングで顧客に報告するべきです。この場合、リスクの事実を客観的に説明すると、顧客の理解を得られやすいと考えられます。

顧客とのリスク共有は、顧客とのプロジェクトの目的の共有と、良好な関係が構築できて初めて可能となります。

Column

リスク・問題・課題を混同せず適切に管理する

「リスク」は「今後起こるかもしれない不確実な事象」を意味します。これに対し､「問題」は「既に起こっている事象または確実に起こることがわかっている事象」､「課題」は「問題を解決するために取り組むべき事項」を意味します。しかしながら、実際にはこれらを混同して管理しているプロジェクトが散見されます。

リスク・問題・課題をきちんと識別することで、管理すべき対象、監視のタイミング、実施すべき対策と優先順が明確になります。

極意21

プロジェクト特性に合わせて構成管理手法を決める

プロジェクトの特性に合わせた構成管理の導入は可能でしょうか？

「構成管理をしっかり行うことはとても重要なこと」と理解していても、構成管理の目的を理解してなければ、思うように運用できず成果を得ることができません。構成管理手法を決めて、段階的に効果を実感しながら構成管理を実施することも一つの有効な方法です。

ヒント1 プロジェクトの特性に合わせて、構成管理手法を決める

プロジェクトの特性（システムの規模や機能実現の複雑さ、開発期間やリリース頻度など）に合わせて、適用する構成管理手法を考えてみることも解決策の一つです。構成管理手法の例を、**表3.2**に示します。

表3.2 構成管理手法（例）

構成管理手法	内容
最新版のフォルダ管理	ソースやドキュメントの最新版だけはわかる
更新日付による履歴管理	ソースやドキュメントの改版の前後関係がわかる
構成要素のバージョン管理	ソースとドキュメント間で同一仕様であることがわかる
ベースライン管理	過去の構成のシステムを再構築（再現）できる
トレーサビリティ管理	要件から設計ドキュメント、ソースまでの関係がわかる

なお、構成管理にあたり、ツール導入が負荷軽減や適切な構成管理の助けになると考えられます。バグトラッキングツールやタスク管理ツールとバージョン管理ツールとを密に連動させることも大事です。

Column

構成管理ツールを活用する

構成管理ツールを活用する際には、さまざまあるツールを調査して、当該プロジェクトの運用に適したものを採用します。また、採用の際は、構成管理ツール単独で決定するのではなく、**図3.1**に示すように、他の開発支援ツール（プロジェクト管理ツールやCIツール、テストツール、分析・レポートツールなど）と連動させることを考慮するとよいでしょう。

ツールの連動により、プロジェクトマネージャー／プロジェクトリーダーや開発メンバー間の情報共有が進むのはもちろんですが、開発部門と品質保証部門間の情報共有も可能になります。それにより、品質保証部門による第三者視点での気づきが得られやすくなり、プロジェクトリスクの早期気づきや解決に繋げられるようになります。

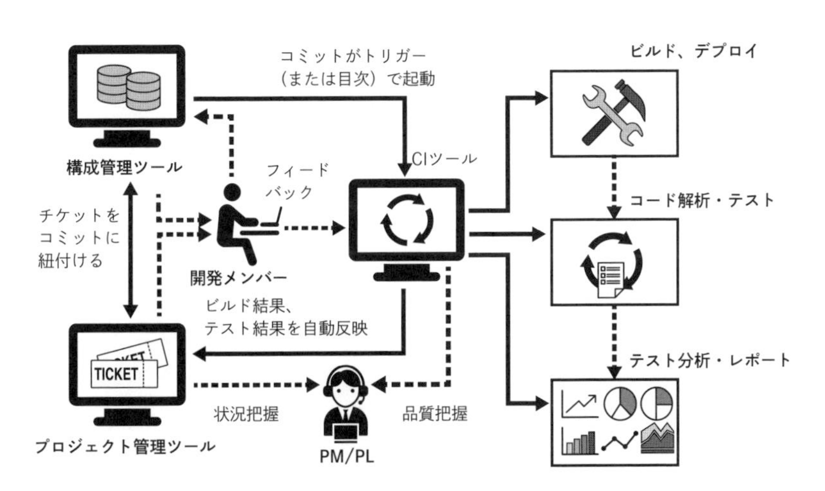

図3.1 ツールの連動を考慮した環境構築（例）

出典：ソフトウェア品質保証部長の会第12期グループ3「品質課題を解決する自動化の勧め」
https://www.juse.or.jp/sqip/community/bucyo/12/files/shiryou_seika3.pdf

極意22

トレーサビリティの確保は、まずは、V字の両端から始める

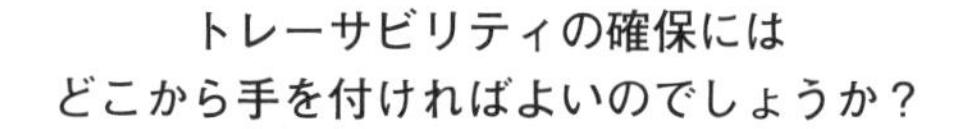

トレーサビリティの確保には
どこから手を付ければよいのでしょうか？

ソフトウェアの維持管理を行ったり、開発途中で技術者が参画したりする場合、ソースコードだけでは理解が難しく、ドキュメントと併せて確認します。しかし、ドキュメント間やドキュメントとソースコード間の整合性がうまくとれずに苦労することがあります。したがって、トレーサビリティを確保する取り組みをソフトウェア開発当初から行っておくことが重要です。

しかしながら、システムの規模が大きくなると、ドキュメント間やドキュメントとソースコード間の関係性が複雑になるため、トレーサビリティ確保の負荷が非常に高くなることがあります。限られたリソースの中で、どのようにトレーサビリティの確保を行うかがポイントです。

ヒント1 まずは、V字の両端の管理から始める

要件がどのようにソースコードに漏れなく落とされていくかについてのトレーサビリティを確保する方法としては、トレーサビリティマトリクス（要件が各工程のどこで実装され、該当するプログラムがどれであるか、一目でわかるようにまとめられたマトリクス表）の利用などが知られています。要件定義書と外部設計書のトレーサビリティマトリクスの例を**表3.3**に示します。このマトリクスを作成し維持するためには、開発対象の特徴や規模、開発手法や工程定義、生産物によって、テーラリングを行うことが重要です。

なお、**極意30**で、ID利用によるドキュメント間の関連性確保の方法を紹介しています。

表3.3　要件定義書と外部設計書のトレーサビリティマトリクス（例）

			外部設計書				
			設計1			設計2	
			設計1-1	設計1-2	設計1-3	設計2-1	設計2-2
要件定義書	要件1	要件1-1	●	●		●	
		要件1-2			●	●	
	要件2	要件2-1	●				●
		要件2-2		●			●

図3.2に開発工程のV字モデル（ウォーターフォールモデルの品質を作り込む工程（上流）と品質を確認する工程（下流）の対応を明確にしたモデル）で整合性を持つ関係を点線で示します。この部分にトレーサビリティが確保できることが求められます。

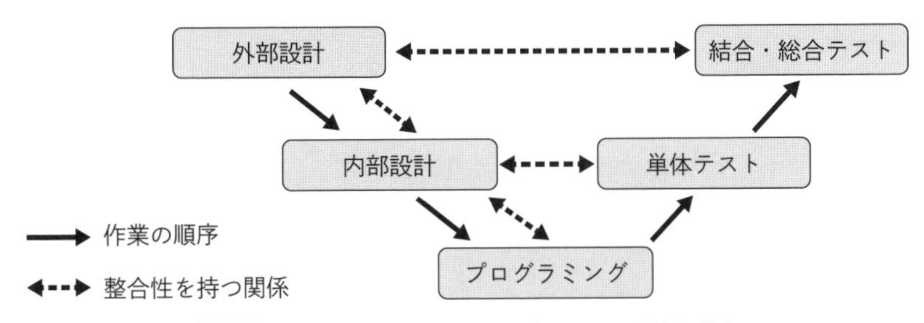

図3.2　V字モデルとトレーサビリティの関係（例）

トレーサビリティマトリクスをすべての工程生産物に対して一度に作成することは、プロジェクトの特性によっては難しい場合があります。そこで、お客様に製品を提供するために最低限必要なトレーサビリティの確保は要件に対する最終工程のテスト項目であることに着目し、まずは、V字の両端をしっかり管理することから始めることも一つの方法です。

すなわち、**図3.2**であれば「外部設計と結合・総合テストの整合性をとる」ことから始め、次に途中工程の整合性をとっていく手順とする方法が考えられます。

極意23

「問題なし」報告は何の問題がないのかを聞き返す

現場からの進捗報告が現場の実態を反映しているのか、いまひとつ信憑性が低いように感じています。このような状況に陥らないためにはどうすればよいのでしょうか？

結合テスト工程の進捗報告で、各サブシステムから「テストは順調」と報告されていたケースを考えてみます。次に実施する総合テストでは接続する他システムとの連携シナリオテスト（データ連携に関して一連の流れに沿ってシステムを問題なく利用できることを確認するためのテスト）があるため、その報告をもって、他システム側にシナリオの準備を指示しました。ところが、総合テストを開始してみると、あるサブシステム内で結合テスト未完了の部分に不具合が残存していることが判明し、総合テストが滞ってしまいました。残存不具合解消のためのコストがかかった上に、総合テストでの連携シナリオの組み直しが必要となり、総合テスト進捗に大きく影響しました。

テストが完了していないのに「順調」という報告がされていた経緯を調べました。すると、予定より遅れている部分があることを開発現場では把握していましたが、予定より進んでいる部分と合算して進捗値とし、予定通りと報告していたことが判明しました。さらに、サブシステムのリーダーは、開発現場にはおらず、電子メールで報告を受ける形で進捗管理をしており、進捗遅れの部分や残存の不具合については認識していませんでした。

ヒント1 各部分の実績と計画との差分の理由、解消対策の報告を求める

進捗は、定期的・定量的に計測し、正確に報告されることが最重要であり、プロジェクトマネージャーは、正確な報告がされているかを常にチェックする必要があります。そのためには、全体をまとめた進捗報告のみではなく、

報告の根拠となる各部分の進捗、実績と計画との差分の理由、問題の有無およびその解消対策について報告を求め、実態を表した報告がされていることを確認することが重要です。

ヒント2 報告者の心理的バイアスを認識して進捗管理を行う

進捗報告者は、「これから頑張れば現在の遅延は解消されるだろう」という希望的観測に陥りがちです。また、担当者は「良い報告をしたい」という心理的バイアスがかかる傾向にあります。したがって、このような進捗報告者の思いを取り除く必要があります。

プロジェクトマネージャーは、「良い報告」より「正しい報告」の方が重要であり、マネジメントは正しい報告の方を高く評価するという基準を強調し続ける必要があります。

プロジェクトマネージャーは、部下から「問題なし」という報告を受けた際には「何の問題がないのか？」と聞き返します。そうすることにより、部下がポイントを押さえた進捗管理と報告をしているのかがわかります。

Column

職場の「心理的安全性」

進捗遅れの兆候にタイムリーに対応するためには、遅れた事実よりも、その理由についてどのように分析し、どのような対応策を考えているかを、部下が話しやすい環境で聞き出すことが大切です。そして、対応策に不足があれば部下と一緒に考えます。加えて、困っていること、手伝ってほしいことも聞くというプロジェクトマネージャーの姿勢が重要です。

「一緒に解決を図る」という態度を上司がとることにより、部下が正しい報告を行うための「心理的安全性」が確保された職場の形成に繋がります。

極意24

プロジェクト推進は、全体の成功を目標に行う

進捗遅延が生じた場合、当事者のみが検討しても実効性のある対策が打てないと感じられます。このような状況に陥らないためにはどうすればよいのでしょうか？

あるサブシステムで問題が発生し、進捗が遅延してしまったケースを考えます。プロジェクトマネージャーへの遅延報告は行われましたが、対応が当該サブシステムのリーダーとメンバーだけで行われたため、有効な対策が打てず遅延が拡大してしまいました。また、他のサブシステム担当には遅延の状況も十分に伝えられていませんでした。なぜなら、このプロジェクトは縦割りで、自身のQCDを守ることが最重要と考えられていたからです。結果として、そのサブシステムの遅延が元でプロジェクト全体のQCDが損なわれることになりました。

プロジェクトの大部分が順調に進捗しても、一部の進捗が遅れてしまうと、プロジェクト全体の完成に大きな影響が出ます。ある部分で遅れが生じた場合、それがプロジェクト全体で共有され、遅れ解消のための手立てもプロジェクト全体で検討され、実施されるように仕向けることが、プロジェクトマネージャーの重要な仕事です。

ヒント1 進捗遅れの挽回には、他のチームの知恵やパワーを借りる

プロジェクトの進捗状況はプロジェクト全体で共有し、遅延解消策を協力して計画・実施することが重要です。ともすれば進捗遅延が生じたサブシステムを担当するチームリーダーとメンバーだけで遅延を解消しようと試みがちですが、もともとサブシステムを担当する者だけでは力量不足だったために遅延が生じたのです。このままでは遅延が解消されず、最終的にプロジェ

クト全体の大きな遅延に結びついてしまいます。

プロジェクト全体の進捗に影響がありそうな遅延が生じた場合、プロジェクトマネージャーは遅延が生じていないサブシステムに、遅延の解消の検討と原因の解消策の実行を依頼することも大切なポイントとなります。

ヒント2

プロジェクト全体の成功が担当範囲の成功よりも重要だという認識を共有する

担当メンバーは自らの担当範囲の進捗にしか目が向かなくなりがちです。したがって、プロジェクトマネージャーはプロジェクト全体の進捗を俯瞰的に可視化し、各メンバーが他のチームの状況を共有しながらコミュニケーションをとることができる環境を作ることが重要です。「プロジェクト全体の成功が担当範囲の成功よりも重要だ」という認識を、メンバー全員にいきわたるようにします。

Column

プロジェクトの情報共有のための工夫

プロジェクトの全体状況や、他のチームの状況を共有するための工夫としては、次のようなことが挙げられます。

- 状況の表やグラフをプリントして職場の目につく場所に掲示する
- リモートワークが主体の場合、プロジェクトのウェブサイトを活用する
- チームのミーティングを会議室でなく、オープンスペースで行う（板書している内容や会話の内容が、周囲から見えたり聞こえたりする）
- オンラインコミュニケーションツール上の会話を他のチームにも公開する

自分のチームのことを大事にするだけでなく、プロジェクト全体や他のチームの状況にも関心を持ち、全体の成功を目指しましょう。

第4章

プロジェクト個別レベルの
ソフトウェア品質マネジメント

プロジェクトの工程に応じて留意すべきポイント

顧客価値の高い成果物を高品質で開発するための知恵と工夫を、プロジェクトの各工程における「品質保証の極意」を解説することで深堀りしていきます。なお、本章にて解説する内容は組織としての対応活動ではなく、プロジェクトの現場の当事者が各自のプロジェクトで活かすスキルとして身に付けるとよい「品質をマネジメントする」ための知見です。

本章では、プロジェクト個別レベルの品質マネジメントに関して、以下の9つに分けて述べます。

4.1 品質計画のマネジメント
4.2 要求分析のマネジメント
4.3 設計のマネジメント
4.4 実装のマネジメント
4.5 レビューのマネジメント
4.6 テストのマネジメント
4.7 品質分析および評価のマネジメント
4.8 リリース可否判定
4.9 運用および保守のマネジメント

4.1 品質計画のマネジメント

SQuBOK 2.13

効果的かつ適切な品質計画を立案するための極意

極意25 品質目標はリーダーが良くしたいことを設定する

極意26 品質指標は判断根拠になるように設定する

品質計画のマネジメントとは、効果的かつ適切な品質計画をマネジメントすることであり、開発するシステムや製品・サービスに求められる要求事項を満たすために必要なプロセスを計画し、実行し、管理することです。

プロジェクト活動中は、体制やスコープ変更などさまざまな予期せぬ阻害要因により品質も絶えず変化するため、立案した品質計画にフィードバックすることが重要です。品質計画が不十分な場合、プロセスや成果物の品質が人の経験や主観に依存して判断され、プロジェクトが迷走して不調化に繋がります。そのようにならないためは、各工程のプロセスや成果物の合否判定基準や品質目標を設定することが必要となります。

4.2 要求分析のマネジメント

SQuBOK 2.14

顧客の真のニーズを引き出し、要求を満たした要件を定義するための極意

極意27 「真の要求」は顧客要求の先の業務にある

極意28 設計を開始する前に「要件の欠陥」をなくす

要求分析のマネジメントとは、文書化された要求のステークホルダーとの共有、妥当性確認と評価など、要求に関する活動をマネジメントすることです。顧客やユーザーの参加を重視して暗黙の了解に頼らない要求分析を行うには、要求事項を単に文書化するだけでなく、真のニーズを引き出し、その要求がソフトウェア製品の設計、開発、テスト、そして最終的な製品・サービスに適切に反映されるようにすることが必要です。

「要求分析」では、まず真の要求を導き出し、何をいつまでに、いくらかけて作るかを決めるプロセスが必要となります。その上で、要求を分析することで矛盾・間違い・漏れ・過剰をなくし、期日と予算の範囲内で構築可能な要件を曖昧さをなくして文書化する「要件定義」プロセスが必要となります。

「要求分析」に不備・不足があると、プロジェクトが成功してもビジネスは成功しません。また、「要件定義」に認識相違・漏れがあると、仕様が決まらずに、予算／期日共に超過してしまいます。そのため、「要求分析」と「要件定義」を切り分けて、ポイントを押さえることが重要となります。

4.3 設計のマネジメント

SQuBOK 2.15

要求品質を満たしたソフトウェア設計を行うための極意

極意29 スコープ変更をマネジメント下に置く

極意30 要件との一貫性と設計の整合性を検証する

極意31 設計書は何を書くべきかプロジェクトとして決める

ソフトウェア設計のマネジメントとは、ソフトウェア設計のアクティビティを規定した計画を定め、要求されている品質特性と顧客ニーズを満たす設計結果を得るための設計方針を決定し、設計結果が要求仕様および品質を満足しているかを評価することです。

ソフトウェア設計においては、要件定義書が完成していることの確認がスタートラインとなり、その上で、要件とトレーサビリティをとった形（一貫性を担保した形）で仕様を正しく文書化していく必要があります。仕様を具体化することで顧客が新たな要件に気づくことや、顧客ニーズが時間とともに変化することもあり、それに合わせて要件定義書を改定することも設計のマネジメントの範疇となります。また、設計間の整合性が正しいことを確認する設計書（ER図、CRUD表、DFD、状態遷移表等）の作成も重要となります。さらに書く人によって記載レベルに差が生じていることも少なくありません。そのため、設計書の作成基準を整備することが必要です。

4.4 実装のマネジメント

SQuBOK 2.16

要求事項を実現し、品質目標を達成するソフトウェアを実装するための極意

極意32 テストファーストで開発生産性を上げる

極意33 コーディングルールの徹底で品質の基盤を作る

ソフトウェア実装のマネジメントとは、実装計画、実装方針、実装評価をマネジメント対象とし、実装のためのアクティビティ、コーディング規約などの実装方針を定め、要求事項を正しく実現し、品質目標を達成するソフトウェアを得ることです。設計の正しさ、設計書の曖昧さや漏れのなさは、実装してみて初めて実証可能であるため、実装の品質をマネジメントする上では、テストファーストの考えにより、少しでも早い段階で間違った仕様理解を正し、手戻りを最小限にすることが肝です。

さらに、重要なことは、実装のQCDのバラツキを防ぐことです。実装者によるバラツキにより保守性が低いソースコードが多く存在してしまうと、仕様変更および不具合修正の際に、必要以上の工数を要することとなり、下流工程への負担が多くなります。それらを回避するために、コーディング規約自体の品質を高め、コードレビューを徹底し、コードを常に美しく保つリファクタリングが重要となります。

4.5 レビューのマネジメント

SQuBOK 2.17

各工程の品質の妥当性を評価確認するレビューを実現するための極意

- **極意34** 全量のレビューで品質確保の基盤を作る
- **極意35** レビュー目的の明示でレビュー効果を上げる
- **極意36** レビュールールを明文化して周知する

レビューのマネジメントとは、レビューの計画、実施、記録、および実施状況をマネジメントすることによりレビュー効果を最大限にすることであり、「成果物が次のステップへ進み得る状態にある」ことを客観的に評価し改善点を明確化することです。

プロジェクトには期限があるため、効果的かつ効率的にレビューを実施しないと各工程の期日を守れなくなります。当たり前に全量をレビューする組織文化を醸成した上で、レビュープロセスに対する知恵と工夫が必要です。

4.6 テストのマネジメント

SQuBOK 2.18

テスト対象を適切な品質レベルに達成するための極意

極意37 テスト品質はテスト計画で決まる

極意38 類似不具合を漏れなく炙り出す

テストのマネジメントとは、対象のプロダクトやサービスが、プロジェクトで定義した品質を達成するために、テストの活動をマネジメントすることです。そのためには、各工程毎の品質レベル達成と、期日を守るための計画とコントロールが重要です。性能テスト段階で単体不良が見つかると、不具合修正・再テストで性能測定どころではなくなり、計画通りにテストを進めることができなくなります。そのため、性能テスト開始までに、設計書通りに正しく動くことの確認を終了させる必要があります。また、検出した不具合のみを対処して類似不具合を除去できていなければ、品質をマネジメントしているとは言えません。

4.7 品質分析および評価のマネジメント

SQuBOK 2.19

ソフトウェア開発の結果や成果物を分析・評価するための極意

極意39 品質向上には、計測と評価が必要

極意40 品質目標と実績のギャップを見える化する

極意41 基準値を外れた場合の施策をルール化する

品質分析および評価のマネジメントとは、ソフトウェア開発、調達、運用、保守などの活動を通じてその実行過程、実行結果や成果物に関するデータを収集、分析し評価することです。また、プロジェクト活動中のトラブルは後工程で顕在化する傾向にあり、これらを防止するためには、上流工程からの

品質分析・評価のマネジメントが重要となります。さらに、適切なデータ収集と分析、評価は、開発工程の完了判定（リリース可否）の根拠となり、後工程の品質確保に繋がるため、正確な分析と評価が求められます。

4.8 リリース可否判定

SQuBOK 2.20

プロセスを次の段階に進めてよいかを判定するための極意

極意42 リリース判定はリリース後の準備状況も確認する

リリース可否判定は、プロセスが次の段階に進める状態であるかを判定するもので、工程完了、製品出荷、本稼働をリリース可否判定タイミングとしています。可否判定では、判定基準を設定し、移行時の責任体制と判断根拠の証跡を残すとともに顧客合意を行うことが重要となります。

4.9 運用および保守のマネジメント

SQuBOK 2.21

不具合発生時の影響を最小限にするための極意

極意43 本番障害対応は時間軸を変える

極意44 トラブルでの失敗を改善に繋げる仕組みを作る

運用とは、ソフトウェアを稼働させてサービスを提供することであり、ソフトウェアを運用することによって初めて、価値をユーザーに提供できます。対して保守とは、価値あるサービスを提供し続けることを目的とする活動です。しかし、運用・保守の現場では、規定したプロセス通りに行っていても障害が発生することが多々あります。そのため、障害を想定した訓練を実施し、いざ障害が発生したときに慌てずに対応できるようにすることが重要です。

極意25

品質目標はリーダーが良くしたいことを設定する

プロジェクトリーダーの意思を強く感じることができるような品質計画の作成方法が知りたいです。

品質計画が作りっぱなしとなり活用されなかった結果、計画と実績の乖離を認識できず炎上プロジェクトになることがあります。これは、品質計画を作成しても計画通りに推進できなかった過去経験や、「品質計画がなくても開発できる」という先入観により、品質計画を立案することの重要性の認識が欠落してしまった結果起きていると考えられます。品質計画を活用するには、明確な品質目標と目標値設定、目標達成に向けた施策が必要です。そのためにも、プロジェクト特性を見極めた上で、品質計画実行責任者の配置とプロジェクトメンバーとの共有が重要です。さらに、「プロジェクトリーダーが求める品質以上にはならない」ことを念頭に入れておくことも重要です。

ヒント1 プロジェクト特性を見極めた上で、権限も含めて計画し、十分な説明を行う

品質計画書を作成する際、過去のプロジェクトや類似プロジェクトで作成した計画書を流用するケースがあります。しかし、時間的制約があろうとも、プロジェクト特性を十分に検討せずにコピーのみで作成を終わらせてはいけません。プロジェクトの品質目標や品質確保施策は、プロジェクトリーダーが「何を実現したいか」を明確にして、その思いをプロジェクトメンバーと共有し、目標達成のための品質確保施策を宣言することが重要です。これにより、計画書に「魂が入る」状態を創り出せます。さらに「品質を管理する

土壌」を創るためには、以下の３つのポイントが重要となります。

(1) 求められる品質要件を整理し、品質目標値を設定する

仕事は「段取り八分」と言われます。事前準備をしっかり行うことで、実行時の仕事がスムーズになることを意味した言葉です。同様に品質計画作成時も段取りが大事です。特に、開発するシステムに求められる品質要件の整理が重要となります。金融勘定系や航空管制などミッションクリティカルシステム（障害による影響や被害が社会的に甚大なシステム）が求める品質要件と、企業の基幹業務システムが求める品質要件は異なります。たとえば、障害発生時の年間システムダウン許容時間は、ミッションクリティカル系の場合は「秒」を求められ、基幹業務系では「２時間以内」など「時間」を求められます。したがって、対象プロジェクトに求められる品質要件に適した品質目標値に設定する必要があります。

(2) プロジェクトリーダーは各工程の品質目標、品質確保施策をメンバーと共有する

プロジェクトの開始時や工程着手前に、プロジェクトメンバー全員に対して当該工程での品質目標と品質確保施策を説明することが重要です。トラブルや割込み作業により現場開発作業に時間的制約が生じることは多々ありますが、品質確保施策について十分な説明を行っていれば、開発メンバーは品質を意識した作業を実施できるようになります。具体的には工程着手前に、当該工程終了時における「成果物の品質レベル」「要員の必要ノウハウ習得度合い」「管理表の作成状況」の望む状態を一覧化します。その上で、プロジェクトリーダーが考える「プロジェクトの成功イメージ」を丁寧に説明することで、メンバーとの共有を図ることができます。

(3) 品質計画を実行する責任者を決めて権限を与える

プロジェクト活動中は、予期せぬ阻害要因によりスケジュール遅延やコスト悪化が発生することがあります。この際にプロジェクトマネージャーまた

はプロジェクトリーダーがスケジュールやコストの回復を優先し、品質計画に記載された実行項目を犠牲にすることがあります。この状況を回避するためには、品質管理責任者を別途任命することが重要です。具体的には、任命した品質管理責任者に「タスク優先度を決める権限」を与えることで、スケジュールやコストを優先する行動に対しての牽制が可能となります。

ヒント2 第三者による品質保証活動を計画する

開発規模が大きくなると、トラブル時の影響も大きくなり、スケジュール遅延のリカバリに注力するあまり品質を軽視することがあります。また、品質が悪化しても「なんとかリカバリできる」とのバイアスによりプロジェクトの現状品質を把握せずに後工程に不良を流出させ、さらにトラブルを悪化させることがあります。このようなことを防止するために、第三者による品質保証活動を計画することが効果的です。第三者が、プロジェクトのマネジメント品質、プロセス品質、成果物品質をマイルストーン毎に客観的に評価することで、問題の検出と可視化によるフィードバックができます。これにより、プロジェクトの健全性を保つことが可能となります。第三者による品質保証活動の実施にあたっては以下の２つのポイントが重要です。

(1) 人選と役割

第三者監査者には、プロジェクト活動と独立した部門から人選することが原則です。プロジェクト内のタスク兼務ではなく、常に第三者としてプロジェクト品質状況を客観的に評価できる立場の人間を指名し、進捗会議や定例会議での品質状況報告の役割を与えます。

(2) 責任と権限

第三者監査者には、各工程完了判定の評価者としての責任や、次工程着手時の可否判定の権限を与えることが重要です。また、プロジェクトの不調を予兆検知したときのためにプロジェクトオーナーやマネージャーに対するエスカレーションルート（報告経路）を確立しておくことも重要です。

Column

品質管理責任者の心得

プロジェクトがトラブル状態になると、それまで当たり前にできていたことができなくなり、下記のようなことが発生します。

- 新たに発生した問題やタスクの責任の押し付け合いが発生し、チーム間コミュニケーションが破綻して確執が生じる
- フィジカル、メンタルによる体調不良者が続出する

トラブルの要因はプロジェクトによってさまざまですが、結果的に関係者にとって「大事な時間、人、健康」を失うことになります。また、長期化すれば、顧客の信頼失墜や賠償など、母体組織のダメージも大きくなります。

トラブルプロジェクト経験者は実感されると思いますが、トラブル状態に追い込まれると、人は「自分に都合の良い判断をしてしまう」傾向があります。それが場当たり的な行動になることや、メンバーに対する心理的安全性に配慮しない言動に繋がったりすることもあります。

このような状態に陥らないよう、品質管理責任者は「品質を守る。品質は納期やコストより優先する」という考えを強く持ち、暴走するプロジェクトを抑止しなくてはいけません。そのために、「一旦立ち止まるトリガーを引く責務が自分にある」ことを肝に銘じてください。

＜トラブル予兆を見抜くための心得３箇条＞

- ルール、プロセス、期日は守られているか
- 体制、役割、責任分担は明確になっているか
- 顧客、チーム間、チーム内のコミュニケーションは円滑か

上記は、プロジェクトが健全な状態では「当たり前」にできていることです。品質管理責任者は、トラブル予兆の上記３点を見逃さず、トラブル回避責任を全うしてください。

極意26

品質指標は判断根拠になるように設定する

テスト工程が不良多発によりトラブル化し、
人海戦術で毎回対応しています。品質計画段階で予防するには
どうしたらよいのでしょうか？

製品サービスやシステム開発のプロジェクトでは、不十分な品質計画に起因して、開発途中に品質トラブルが発生し、人海戦術による不良修正対応を繰り返すことがあります。単発的で短期間の人海戦術であれば大きな問題に発展しませんが、毎回繰り返せば、人材の疲弊、ビジネス機会の損失に繋がります。

品質計画段階では、「作り込み品質の見積り」「工程ごとの完了判断基準と品質向上サイクル」の２点を計画します。特に、「作り込み品質の見積り」が重要で、開発規模と各工程の品質指標が決まることで見積り可能となります。見積もった値が各工程の品質目標値となり、これをベースラインとして実行段階で乖離状況を監視、コントロールすることによりプロジェクト品質の健全性を測ることが実現できます。また、プロジェクト全体で品質指標や測定データの目的、活用方法を共有し合意形成しておく必要があります。これらの計画が不十分、または開発途中の顧客要求やスコープの変化をフィードバックできていないと、品質トラブルに発展することになります。

後工程に不良を流出させないためには、各工程で作り込まれた不良が十分に刈り取れているかを判断する必要があります。その判断根拠として品質指標を決めて、品質目標値を計画します。

ヒント1 品質指標の目的と活用方法を明確に決めて計画書に記載する

品質指標には目的と理由があります。何のための品質指標であるか品質計画書に記載しておかないと、品質データの測定が目的に変わり、形骸化してしまうことに繋がります。このような状態に陥らないための主なポイントは以下の２点す。

(1) 品質指標と測定目的を明確化する

品質指標は開発対象物の品質の良し悪しを判断するための基準値となるものです。品質の達成度を測るための品質データを測定する目的は、プロジェクトの成果物やプロセスの品質向上に繋げることですが、ゴールは顧客満足度向上させることにあります。そのためにも、顧客の声を重視したゴール設定と達成度を測定することを目的とすることが重要です。たとえば、「納品ドキュメントの質が悪い」などのクレームがあった場合、作成ページ密度やレビュー密度を尺度とした品質指標を決めます。

(2) 品質指標の目的に沿った品質データの取得を計画する

開発時の成果物やプロセス品質を測定するための尺度と品質指標を決めることが重要です。品質指標値は過去プロジェクトの統計値や顧客指定値から設定し、品質指標を評価するために取得する品質実績データを計画します。

表4.1 開発時の品質指標と取得する品質実績データ例

工程	指標名（尺度）	品質指標値	取得する品質実績データ
設計	作成ページ密度 (頁/KS（※))	13頁/KS	・設計書作成ページ数 ・対象規模（KS換算）
	レビュー指摘密度（件/100頁）	15件/100頁	・レビュー対象ページ数 ・レビュー指摘件数
テスト	テスト項目密度（件/KS）	100件/KS	・作成テスト項目数 ・対象規模（KS換算）
	不良密度（件/KS）	5件/KS	・不良件数 ・対象規模（KS換算）

※KS：KStep（プログラム行数の単位。1,000行のコードで1KSとなる）の略

ヒント2

品質指標の目標値と品質評価の判断基準を設定し、品質改善サイクルを回す計画にする

品質計画書の内容で実行する際に最も重要なことは、品質評価の判断基準の策定です。判断基準を策定するためには、品質指標と目標値の設定が必要となります。プロジェクトの開発規模と品質指標が決まれば、作り込み品質目標値の見積りが可能となります。品質目標値は、設計からテストまでの各工程の完了判定をするための判断基準に活用されます。

品質改善サイクルを回すためには以下の３点の計画が重要です。

(1) 各工程の品質目標値と評価判断基準の計画

各工程の作り込み品質目標値は、開発規模と品質指標の基準値から見積もります。ここでは、基本設計工程の「設計書作成頁数」を例に解説します。

表4.2　基本設計工程の設計書作成頁数例

工程	機能名	開発規模	品質指標値	品質目標値	評価基準
基本設計	A機能	100KS	密度：13頁/KS 上限：15頁/KS 下限：10頁/KS	1,300頁	作成頁数が基準内
	B機能	50KS		650頁	

設計書作成頁数を品質目標値とすることで、上限を超過していれば開発規模の見積りミスの可能性や、下限を下回っていれば前工程の要件定義の内容が不十分である可能性に気づくことができます。また、設計書作成頁数の目標値と開発体制および生産性から、開発スケジュールの妥当性評価も可能となります。

品質指標は、開発規模の大小にかかわらず、一定の尺度で評価するために密度表記できるものを推奨します。なお、品質目標値の見積りは、単純に指標から算出するものではなく、開発する機能の特性を見極めて設定する必要があります。

(2) 品質状況の監視とエスカレーション計画

プロジェクト活動中の変化により品質も絶えず変化するため、週次などのタイミングでプロジェクト成果物やプロセス面、マネジメント面の品質状況を監視する必要があります。特に、未経験のメンバーや新たな委託先が参画している場合、各工程立ち上がりの品質がコントロールできずに、計画したスケジュールと乖離する事態が発生しやすくなります。そのような状態が検出されずに放置された場合、後工程でさらなる品質低下の要因となり、プロジェクト計画に重大な影響を与えます。結果として顧客に提供する価値が低下し、リピート顧客を失うこととなります。

このような状況になることを防止するために、週次など定期的な品質状況確認と、定例会議などでのエスカレーションを行い、品質低下リスクと品質状況をプロジェクト共通認識とするための計画が重要です。

また、品質目標値の監視においては、プロジェクト推進中の変化（スコープ（範囲）、規模、リソースなど）に応じて、都度見直すことが重要となります。

(3) 品質指標と実績の乖離を大きくしないための実行計画

品質監視で成果物品質の変化を検出したときは、素早いアクションを実行して品質低下を防止するために計画した品質のベースライン是正とコントロールが必要であるため、以下を具体的アクションとして計画します。

- **品質指標と実績に乖離が発生したときのアクション**：残存不良予測と残存不良を刈り取ることを計画する
- **初期成果物評価による品質予測アクション**：成果物の進捗10〜20%を目安に、それまでにできた成果物の評価を行い、ドキュメント作成基準の遵守状況や誤字脱字、上位ドキュメントとの一貫性と充足度を評価することを計画する

上記アクションにより、期日間近での広範囲にわたる不良対応を防止し、品質向上対応を最小限にすることができます。このように、開発担当者によりバラつく品質を初期成果物評価で是正し、量産化する前までに品質をコントロールすることで、完成時の成果物品質が飛躍的に向上します。

極意27

「真の要求」は顧客要求の先の業務にある

真の要求をうまく導き出すためには
どのようにすればよいでしょうか？

要求を理解したつもりで、自分よがりな解釈でシステム要件から設計製造を進めることにより、ユーザー受入れ時に要件不一致が発覚することや、システムの振舞いが業務と食い違っており、本番運用で手戻り作業が発生してしまうことがあります。また、ユーザーが目的としているビジネスが成り立たなくなるなど、双方共にデメリットが発生します。

「要求分析」とは、何をシステム化するかを決めるために、現状を分析し将来業務の「あるべき姿とのギャップ」を明確にした上で、何を、いつまでに（サービスイン日程）、いくら（予算）で作りたいかという要求を、効果対費用を判断して決めることです。そのためには、「要件定義」プロセスに入る前に、顧客要求をシステム要件に落としてから、システム仕様を設計することが重要です。

「要求」は顧客の言葉、「仕様」は開発者の言葉、「要件」が双方の内容を変換する共通言語と位置付け、顧客の要求を整理・検討し、要件を正しく定義した上で、設計工程へ進むべきです。

ヒント1 顧客のビジネスを正しく理解することで、真の要求を導く

真の要求とは顧客のビジネスの成功に繋がる施策であり、そのことを理解した上で要求を導くプロセスを実施することが重要です。

ソフトウェアを構築する目的は、ステークホルダーの現実の問題を解決することであり、問題解決のために顧客のビジネスを正しく理解し、業務上の

問題を適切に理解することが重要です。真の要求を導くためには、ステークホルダーも意識していない潜在的な要求を導き出す必要があります。なお、潜在的な要求を導き出す施策として、顧客と一緒に対象ビジネスの価値をブレーンストーミングすることも得策です。

ヒント2

要求を5つに分類して漏れなく獲得する

顧客要求は「当たり前の要求」「満たされた要求」「聞き出せる要求」「作り出せる要求」「潜在的な要求」の5つに分類することができます。要求の種類をこれらの5つに分類／整理し考えることで、要求の文書化の漏れがないかを確認します。5つの分類についてそれぞれの特性を理解し、種類に応じた対応をすることで、要求を漏れなく捉えることができます。

表4.3 要求の5分類

当たり前の要求	組織が継続的に満たす必要がある要求で、品質標準、SLA（サービスレベルアグリーメント文書）、業務ルール等の業務文書から獲得可能。顧客にとって当たり前のことを理解するためには、顧客業務に精通する必要がある。
満たされた要求	要求は一旦システムで満たされると、当たり前の要求となる。しかし、現行システムの設計書が未整備の場合の要求文書は、「現行通り」という記載で進められることが多い。これは後工程での不具合に繋がるため、要求分析時に、実装済の要求を具体化する必要がある。
聞き出せる要求	ステークホルダーが認識している要求であるため、聞き出すことで獲得可能。そのためには、インタビューやアンケート等での聞き出す能力を高める必要がある。
作り出せる要求	分析者が業務知識として持っている要求であり、分析者が解決すべき問題に関して知識があり、ステークホルダーの関与なしに獲得可能。なお、業務知識を習得している分析者はプロジェクト特性を考慮して要求を具体化しないといけない。
潜在的な要求	分析者が引き出す要求であり、ステークホルダーが気づいていない潜在的な要求である。ステークホルダーに、プロトタイプ、モック（試作品）、シナリオ、ストーリーボード、モデリング、画面イメージ、画面遷移図等を目に見える形に作成して見せることで、適切な刺激を与え、ステークホルダー自身の気づきを伝えてもらうことにより獲得可能となる。

極意28

設計を開始する前に「要件の欠陥」をなくす

要件定義で矛盾、漏れを発生させないためには
どうすればよいでしょうか？

要件定義とは、要求を分析することにより、矛盾・間違い・漏れ・過剰などの「欠陥」をなくし、期日と予算の範囲で構築可能な、「新システムの要件」を定義することです。要件定義に「欠陥」があると、その溝を埋めるための仕様を追加することになり、要求が次々と膨れ、仕様が決まらず、予算／期日共に超過することになります。また、導き出した要件の数（ボリューム）と、期日／予算に矛盾があると、スケジュールも破綻してしまいます。これは、要件評価が適切に行われていない結果の状態です。

運用テストなど下流工程でのテストにおいて、業務運用が回らないことが判明する事態に陥ることもあります。これは、要件検証が正しく機能していないことの表れです。要件定義から欠陥をなくすためには、欠陥を内在させないための評価・検証プロセスが必要ですが、現場は要件定義に時間やコストを費やしたがらない傾向が見受けられます。そのことが原因で、要件評価と要件検証が適切に行われず、「要件の欠陥」を十分に除去できていない段階で設計に入る状況をよく目にします。要求分析と要件定義の工数は、それぞれ、全体工数（基本設計～総合テスト工数）の10％程度は最低確保しないと、欠陥を取り除く取り組みが破綻すると考えられます。

ヒント1

要件定義の欠陥種類を認識し、要件を検証する

要件定義の欠陥は多岐にわたります。したがって、どのような欠陥が存在するのかを把握することが大切です。把握するためには、欠陥の種類を整理

分類し、漏れなく「要件定義の欠陥」を認識することが必要です。

(1) 妥当性確認と検証(V & V)

妥当性確認(Validation)の観点で洗い出すことで、「正しい要件を導けているか」を確認できます。また、検証(Verification)の観点で洗い出すことで、「正しく要件を定義できているか」を確認できます。要件の欠陥をこれらの観点により整理分類し、認識することで、検証観点漏れをなくします。

表4.4 要件の欠陥分類をするための検証観点

V&V	検証観点	解説	要件の欠陥分類※
妥当性確認	完全性	要件に漏れや不完全さがない	①②
	追跡可能性	過剰な要件がなく、要件の変更追跡が可能(前向き追跡/後ろ向き追跡共に可能)	③⑥⑦
	一貫性	個々の要件間で整合性がある(矛盾がない)同じ要件を異なる表現で使用していない	④
	実現可能性	予算範囲内で、利用可能なリソースを使いスケジュールを守れる	⑧
	最新性	要件が最新の条件に基づいている	⑥
	法令遵守	法令や規制に準拠している	⑥
検証	非曖昧性	要件が明瞭で、複数の解釈が成り立たない	⑤⑩⑮
	検証可能性	要件を満たしたか否かの検証が可能(要件の受入れ判断が可能)	⑨
	変更容易性	要件が論理的に構成され、記述に重複がないことで、要件記述の変更が容易	⑪⑫⑬⑭
	単一性	1つの要求を扱っている	⑪⑬

※表4.5と対応

(2) 要件定義の欠陥分類

表4.5では、**表4.4**にて洗い出した観点に対応した「要件定義の欠陥」を大きく3分類、細かく15分類することで、整理しています。この表を用いることで「要件定義の欠陥」を漏れなく洗い出してみてください。

表4.5　要件定義の欠陥分類

大分類	要件の欠陥分類	内容
要求獲得エラー	①要件漏れ	要件そのものが漏れている
	②要件不足	要件が十分に記述されていない
	③要件過剰	要件が過剰である
分析エラー	④矛盾	要件間で矛盾がある
	⑤曖昧	要件の記述が曖昧である
	⑥妥当でない	要件定義が顧客の要求を満たさない
	⑦不透明／不明瞭	要件の根拠、依存関係、責任者が不明
	⑧実現不可	要件が制約条件下で実現できない
文書化エラー	⑨評価（測定）不可	要件の評価や測定が不可能
	⑩理解不可	要件が理解可能な記述になっていない
	⑪構成不良	要件の記述が規約違反、構成が不適切
	⑫前方参照不良	要件の記載項目や用語が未定義
	⑬変更困難	要件の一部の変更が要求全体に波及するなど、変更が困難な定義や記述がある
	⑭ノイズ	要件に関する無意味な情報が入っている
	⑮不親切	要件が「欠落」「後述」など記述が不適切

(3) 要求獲得エラー

要求獲得エラー（認識エラー）をなくすには、「要求」と「要件」を突き合わすことで確認します。要求にあるのに要件がないのは「要件漏れ」、要件の内容が十分に記述されていないのは「要件不足」、要求にない要件は「要件過剰」となります。それらを排除していきます。

(4) 分析エラー

分析エラー（トリアージエラー）は評価を確実に行えば、対応に漏れがなくなります。しかし、「要件間の矛盾」は評価が難しいです。具体的には導き出した要件の数（ボリューム）と、期日／予算との矛盾です。この矛盾があると、スケジュールが破綻してしまいます。破綻を防ぐには「妥当な見積り」と「要求のトリアージ」が必要です。

(5) 文書化エラー

文書化エラー（仕様エラー）をなくすには、要件一覧を整備した上で、欠陥分類に沿ったチェックリストを作成し、複眼でチェックすることを勧めます。この方法以外に文書化エラーを回避する方法はないでしょう。

Column

要求のトリアージとは？

トリアージとは医療用語で、有限のリソースを最大限に活用して、より多くの問題を解決するために、状況に合わせて優先順位を決めることです。

災害発生時等では、緑色タグ、黄色タグ、赤色タグ、黒色タグを使い、医療チームのリソースを最大限有効活用できるように「患者への優先度」を決めています。なお、この優先度は次々に運び込まれてくる患者次第で常に見直しがなされます。

- 緑色タグ：軽傷で生命の危険がない（余裕ができたら対処）
- 黄色タグ：治療が多少遅れても生命に危険が及ばない（計画的に対処）
- 赤色タグ：生命が危機的状態ですぐに治療が必要（即対応）
- 黒色タグ：心肺停止か救命の見込みがない（対応見送り）

この状況はシステム開発のテスト段階でも同様であることから、近年はテスト対応の優先度を表す言葉としてもトリアージが使われるようになりました。

「要求のトリアージ」とは、利用可能な開発リソースを工期、コストと照らして評価し、どの要求を満たすべきかを決定する活動です。要求、予算、スケジュールに対して、立場や人によって正しいことの優先順位が違うため、要求のトリアージはとても難しいことですが、要求分析として大切なことです。

極意29

スコープ変更をマネジメント下に置く

新たな要件が発生してもスケジュールを守るには
どうすればよいでしょうか？

新たな要件が設計工程で発生することは常にあります。このような場合、次から次へと要求が増えてしまい、ユーザーから言われる通りに仕様を追加していくと、結果として下流工程を圧迫してしまいます。たとえば、担当者合意のもとで要件定義を終えた後に、顧客の別の担当者から変更指示を受けることもありますが、これは要求の出所のスコープが変わったと考えて管理する必要があります。変更とは、要件変更だけではなく、プロジェクトの姿形の変更も「変更管理対象」です。

顧客の要求は変化し、顧客の要求に対する分析者の認識も変化します。

設計工程で新たな顧客担当者が加わる、または担当者が変わるなど、要求（仕様）の変更だけでなく、状況の変化も変更管理対象と捉えることが必要となります。

ヒント1 ステークホルダーの変更を管理する

要求は人によって異なるものであるため、要件定義の初めにステークホルダーを個人名で特定し、その人の要求をもとに要件を定義すると同時に、ステークホルダーの変更も変更管理の対象であることを合意しておく必要があります。

なお、複数のステークホルダーが存在する場合、誰が仕様を決定するキーマンなのかを、プロジェクトの初期段階で見極めて、個人名で特定しておきます。そして、仕様確認者と仕様承認者を切り分けて特定し、合意事項として文書化しておく必要があります。このとき、業務有識者かどうかだけでなく､意見を通すことのできる発言力があるかなども見極めの要素となります。

また、ステアリングコミッティ（意思決定者会議）を定期的に行い、変更内容を共有することが重要です。

ヒント2

成果物スコープ以外の変更も管理する

変更管理対象として組み入れるとよいスコープ（対象範囲）の種類を**表4.6**に示します。さらに、仕様調整の進め方・段取りをルール化することで、曖昧になりがちなやりとりを可視化し、確認するプロセスを定めることが重要です。

また、変更管理台帳および課題管理表について、ユーザー側および開発側双方で合意の上、管理責任者を配置し、定期的に状況を確認しながら、管理を行うプロセスを確立することも重要です。

表4.6のスコープ変更分類に基づき、管理すべき変更を確実に捉え、記録・管理することが重要です。

表4.6　スコープ変更分類

分類	内容
システム化スコープ	対象業務、機能、部署、外部接続先
成果物スコープ	成果物種類、記載内容
期日スコープ	仕様FIX時期、データ提供時期、納品日
技術スコープ	ハードウェア、OS、フレームワーク、ツール、言語等
工程スコープ	開始工程前のタスク、開始工程、終了工程
役割スコープ	要求提示者、要求承認者、要件承認者、仕様確認者、仕様承認者、工程基準承認者、スケジュール承認者
コストスコープ	予算超過やスケジュール超過時の費用分担

極意30

要件との一貫性と設計の整合性を検証する

設計書間の一貫性・整合性を保つには どうすればよいでしょうか？

要件定義書から各種設計書を作成する際に、当該設計書のみに注意がいくことで、データベース設計と画面仕様の矛盾に気づけず、後工程で不具合が発覚し、手戻りとなってしまうことがあります。特に、現行システムの再構築を行う際に発生することが多く、既存設計書に頼り、横断した検証が行われていないことが原因です。

防止策としては、要件定義書の各要件が、どの設計書のどこに記載されているかをマッピングし、1つの要件ごとに横断した設計書をチェックすることです。チェックするためには、設計が正しいことを確認する設計書（ER図、CRUD表、DFD、状態遷移表等。**ヒント2**で詳述）を作成し、設計書間の整合性が正しくとられていることを確認することが必要です。

ヒント1 ID化して各種設計書間を紐付ける

要件定義書と各種設計書との一貫性を保つための対応策として、ID化とその紐付けが有効です。**表4.7**に示すように、要件のID化、機能と仕様のID化、仕様のID化による製造とテストへの紐付けという順に行います。

表4.7　ID化による紐付け例

要件をIDする	
機能要件	機能要件一覧を作成し、機能要件をID化する
非機能要件	非機能要件一覧を作成し、非機能要件をID化する
機能と仕様をID化し、要件と紐付ける	
基本設計書	機能一覧を作成し、「機能ID」を付番し、要件に紐付ける。 そして、機能毎に定義した仕様に「仕様ID」を付番し、要件に紐付ける
ID化した仕様を製造とテストに紐付ける	
詳細設計書	基本設計にて付番した「仕様ID」を明示した形で詳細仕様を記載する
テスト仕様書	テストをユニークに識別するための「テストID」の番号体系に「仕様ID」を組み込むことで、要件と紐付ける

要求整理～機能要件一覧～モジュールIDまでのID管理について、具体的なドキュメントの繋がりを表した図を準備する（以下のような図を想定）。

機能要件一覧　　**検証（Verification）の軸**

機能要件No	大分類	中分類	課題No	機能名	種類	価値	非機能No	機能説明	既存	リリース日程
F-10	受注出荷	販売計画	S-15	間接費分析	画面	予測精度向上	N-04	販売計画のため、期／半期単位の間接費を試算する	新規	10/1

機能要件Noと紐付けることで要件漏れを防止する！

機能一覧

項番	大分類	中分類	機能要件No	機能名	処理分類	機能ID	処理名	説明
1	受注出荷	販売計画	F-10	間接費分析	画面	HG001	間接費試算値登録画面	試算のための係数、予測金額を投入
2	〃	〃	〃	〃	処理	HB001	間接費シミュレーション	指定された期間、係数を元に間接費を試算する

画面一覧

項番	大分類	中分類	機能ID	画面名	パターン
1	受注出荷	販売計画	HG001	間接費試算値登録画面	単票更新

処理一覧

項番	大分類	中分類	機能ID	処理名	起動パターン
1	受注出荷	販売計画	HB001	間接費シミュレーション	随時

図4.1　IDの紐付けイメージ

ヒント2

設計内容を検証する設計書を作る

ユーザーの業務形態により、確認観点はさまざまです。処理ステータスやデータの状態遷移、画面遷移、DB構造など、確認観点は多岐にわたるため、設計書間の矛盾を検知する観点を定め、矛盾を取り除くことが重要です。そのためには、次工程に進むために必要な設計書だけでなく、その工程内の設計内容を検証する設計書を作る必要があります。

ここでは、不整合が起こりがちなDBに関して、横断した整合性を確認するための設計書について解説します。

(1) 論理ER図を作成してデータの関係を検証する

機能定義を行う中で、業務で扱う論理項目をすべて洗い出し、ER図(Entity Relationship Diagram) を用いてエンティティ (データモデルの構成要素) 間の依存関係やカーディナリティ (1対nや、n対nの関係) を把握することで、対象業務や対象データの理解を深めます。

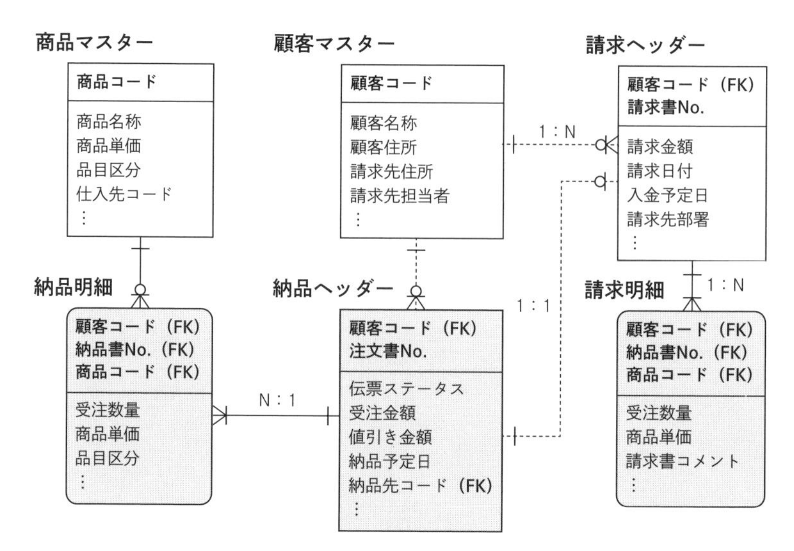

図4.2 論理ER図サンプル

(2) CRUD表を用いて仕様の漏れを検証する

CRUD（CREATE/READ/UPDATE/DELETE）表を用いることで、機能定義にて定義したテーブルアクセスの妥当性（登録処理の漏れはないか、レスポンスに問題ないか、複雑な処理はないか、削除処理の漏れはないか）を確認します。

項番	業務／機能	画面	エンティティ					
			イベント系				リソース系	
			受注	受注明細	出荷	請求	顧客	商品
1	受注	受注入力画面	C	C			R	R
2	〃	受注修正画面	R	R U			R	R
3	出荷	出荷入力画面	R	R	C		R	R
4	請求	請求入力画面	R		R	C	R	R

✓業務の流れに合わせて並べる（左から右、上から下）ことで、漏れが見つけやすくなる
✓CRUDの位置を枠内で固定すると、生成タイミングが左上から右下へと並び、わかりやすくなる

図4.3 CRUD表サンプル

(3) DFDを作成してデータが正しく流れることを検証する

DFD（Data Flow Diagram：データフローダイアグラム）を用いて、業務機能展開図を機能の単位まで階層的に分解し、データが正しく流れることを確認します。

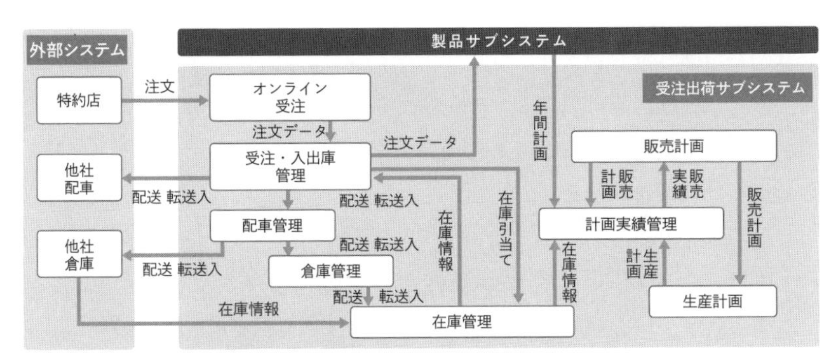

図4.4 業務構成定義図（DFD）のサンプル

極意31

設計書は何を書くべきかプロジェクトとして決める

仕様の記載漏れからの手戻りを防ぐにはどうすればよいでしょうか？

曖昧な設計書に基づき実装工程を進めると、実装工程で手戻りや不具合を内在させることに繋がります。よくある具体例としては、表面の機能だけにとらわれ、異常処理が記載されないことです。コーディングする実装者は設計書通りに実装するため、記載されていない機能（異常系）が実装されないまま、次工程へ進むこととなってしまいます。

この状況は、設計工程における成果物が未完成であることが原因と認識する必要があります。また、「論理的な整理が不十分で、すぐに理解できない設計書は未完成」と考え、設計を終了してはいけません。

ヒント1 設計書に記載すべきことを具体化する

仕様漏れを防止する設計書を作成するには、設計工程で定義すべき事項が、漏れなく設計書に記載されていることが重要です。そのためには、設計書の記載内容に漏れがないよう、テンプレートおよびサンプルを整えることが必要です。さらに、設計テンプレートの記載内容を顧客と合意することも重要です。合意していないことによりトラブルになるケースがあることも認識しておかなければなりません。

(1) 設計テンプレートの意味や作成背景を伝える

必ず最新テンプレートを使用するよう、プロジェクト単位に使用するテンプレートのバージョンを決めるなどのプロセスも必要です。また、テンプレートを使用した設計プロセスについて、設計者の正しい理解を得るために、テンプレートの意味や作成背景を文書化して確実に伝え、徹底させることが必要です。

(2) 設計テンプレートの品質を上げる

テンプレートは、該当枠に記入することにより、設計書に記載すべき項目が充足され、漏れなく記載することで、整合性が図れるフォームにする必要があります。上位成果物との整合性が図られることにより、設計書の品質向上への効果が期待できます。設計書をテンプレート化するにあたり注意すべき点は、前工程の記述において次工程に必要な情報がすべて記載されていること、すなわち次工程で情報不足がないことです。

なお、**表4.8**では紙面の都合上、画面処理のみに限定して解説しました。

表4.8 画面処理の設計項目例

<table>
<tr><td rowspan="4">基本設計</td><td>概要</td><td>・機能要件ID、非機能要件ID、画面名、画面ID
・利用部門、利用権限（利用者ランク等）
・利用目的、利用タイミング、利用頻度
・機能詳細（箇条書き）、操作手順、テーブルI/O一覧</td></tr>
<tr><td>レイアウト</td><td>・画面イメージ（画像、矩形デザイン）</td></tr>
<tr><td>項目定義</td><td>・項目名、桁数、入力順序仕様
・入力文字仕様、論理チェック仕様、メッセージ仕様
・データマッピング仕様、表示項目導出仕様、編集仕様
・発生イベント</td></tr>
<tr><td>アクション</td><td>・テーブル入出力仕様、画面遷移仕様
・業務仕様、例外仕様、ログ仕様、コミットタイミング</td></tr>
<tr><td rowspan="3">詳細設計</td><td>構成要素一覧</td><td>・機能要件ID、非機能要件ID、画面名、画面ID
・モジュールID、モジュール機能概要</td></tr>
<tr><td>モジュール関連図</td><td>・１画面内のモジュール構成を図式化
（例外処理、異常処理の遷移も明示）</td></tr>
<tr><td>モジュール仕様書</td><td>・画面仕様（アクション別画面遷移）、例外仕様
・ビジネスロジック、具体的な非機能要件（数値で表現）
・データアクセス機能の説明（SQL等）
詳細仕様をプログラミングが可能なレベルに具体化する</td></tr>
</table>

極意32

テストファーストで開発生産性を上げる

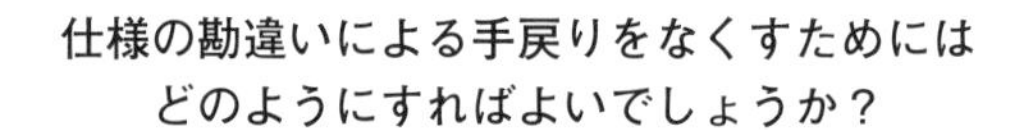

仕様の勘違いによる手戻りをなくすためには
どのようにすればよいでしょうか？

テスト段階に入ってから、仕様の勘違いや仕様の理解不足のままで実装していたことが発覚することがあり、この場合、実装のやり直しが必要になります。このことは、不具合の検出時期にもよりますが、少なくとも以下のタスクに費やした時間が全く無駄になることに繋がります。

- **間違った仕様でのロジックの組み立て**
- **間違った仕様でのプログラミング**
- **正しいと思い込んでいる仕様での単体テスト仕様書の作成**
- **正しいと思い込んでいる仕様での単体テスト**
- **正しいと思い込んでいる仕様での単体テスト終了報告書の作成**

そして、不具合の検出後は本当に正しい仕様を理解し、ロジックの組み立てからやり直すことになります。このようなことが多発するとマネジメント不能に陥ってしまいます。

ヒント1 プログラミングを始める前にテストを考える

テストファーストで実施する、つまり、プログラミングに入る前にテスト仕様を作成し、レビューを受けることで、仕様を勘違いしたまま製造を行うことを排除できます。また、テスト内容を把握した上でコードを書くことで無駄なコードの記述がなくなり（コード量が減る）、結果として欠陥数とテスト工数が減ります。さらにテスト仕様書の「期待値（正しいテスト結果）」を見ることで、仕様解釈の間違いに気づくことができます。

ヒント2

設計・実装・テストの３点を一致させる

間違いや仕様の理解不足は設計書のマズさ（不備）から生じることがあります。また、テスト仕様書の期待値の記述は、言い換えると「あるべき仕様を考える」に当たります。「あるべき仕様を考える」ことにより、設計書の漏れや考慮不足に気づくことができます。

開発者は、設計書を読むだけでは理解できない、または納得できない場合に、設計者に質問を投げかけることにより仕様を正しく理解してプログラミングを進めていくことがあります。このような場合に注意すべき点は、コード上に追加した仕様が設計書には記載されないままとなることがあることです。設計書に記載のない仕様はテスト項目として上がらず、テスト漏れを引き起こします。追記したそのコードに不具合があれば本番障害となってしまうので、このような進め方は改善すべきです。

品質を担保するためには、設計・実装・テストの３点一致（整合性）が必要です。したがって、製造工程では設計書とコードの整合性をとらないままで工程を終了させず、設計書に記述がないコードを書いた場合には、必ずその内容を設計書に反映する必要があります。整合性をとらない状態で製造工程を終わらせることは、「やりっぱなしの仕事」と考えるべきです。設計者は開発者の設計書解読を「設計書の最終レビュー」と考え、製造者の質問をレビュー指摘として設計書に反映することが必要です。

なお、ディシジョンテーブル・テスト（論理的条件の組み合わせを洗い出して実施するテスト）や状態遷移テスト等で作成した図表を、テスト資料としてではなく、設計書へ組み込むことにより、設計・実装・テストの３点一致を実現することが得策です。

ヒント3

テスト仕様書を用いて顧客の合意を得る

テスト仕様書とは、「条件を具体化し、その条件下での期待値を一覧形式で記述する」ものであるため、顧客との打合せで把握したことは、この形式であれば容易に記述できます。そして、この記述であれば、ソフトウェア開発経験のない仕様提示者も理解が可能で、その場で承認をもらうことも可能となります。つまり、仕様の合意を取った上で設計書を書くというやり方で、これもテストファーストと言えます。

ヒント4 テストを考えることでオーバースペックを見つける

テストファーストでのやり方として、「単に、プログラミングする前にテスト仕様書を作りレビューを受ける」だけでも、QCDは上がりますが、さらに効果を広げるコツがあります。

たとえば、うるう年の正確な仕様は以下のように整理されます。

(A) 西暦が４で割り切れる年は、うるう年である

(B) ただし、４で割り切れても100で割り切れる年は、うるう年でない

(C) また、100で割り切れても400で割り切れる年は、うるう年である

この正確な仕様での（C）のテスト仕様は、期待値が2400年になります。しかし、この期待値を見た瞬間に「このシステムは2400年まで稼働しない」と、実行されない条件であることに気づくわけです。

つまり、（C）の仕様はオーバースペックです。オーバースペックはコード量とテスト量が増え、コストと納期に悪影響を与えます。増えたコードの部分でうっかりミスコードを埋め込まないとも言い切れず、品質に悪影響を与えます。オーバースペックは「百害あって一利なし」です。「厳密で正確な仕様が正しい仕様とは限らない」という例です。このようなことは期待値を具体化しないと気づけません。

また、このことは「コード量を減らすことが幸せに繋がる」という「アジャイルプラクティス」のYAGNI（You Aren't Going to Need It：あなたはそれを将来必要としない）の考え方にも通じています。

Column

テスト駆動開発を行う

テスト駆動開発（TDD：Test-Driven Development）は、テストコードを書けるレベルの技術力が要求されます。TDDとは、JUnit等のテストコードのビルド&デプロイ（実行ファイルの生成、および配置）も自動で行い、テストを実行できる環境を使ったプログラミングスタイルです。TDDでのルールは、以下のようなシンプルなものです。

- 実行したテストが失敗したときのみ、新しいテスト対象コードを書く
- 重複を除去する

この２つのルールはプログラミングの手順でもあります。

①レッド：動作しない、最初はコンパイルも通らないテストを１つ書く

②グリーン：テスト対象のコードを書き、テストを通す

③リファクタリング：テストを通すために発生した重複をすべて除去する

なお、「レッド」と「グリーン」という表現は、Eclipse等の開発ツールの多くがテストの失敗を赤、成功を緑で表現することに由来しています。また、リファクタリングとは「外部的な振舞いを変えずに、内部的な構造を美しく作り直す」ことです。

TDDとは、この①～③の手順を繰り返し、自動化されたテストによって動作確認をとりながら開発を推し進めていくやり方です。この開発スタイルにより、「常にコードが動作可能な状態で、かつ美しいコードが保てる」という利点が生まれます。この利点により、以下のような新たな価値が生まれます。

- 新機能を毎日リリースすることができ、顧客との新しい関係を築ける
- テストがされない無駄なコードがなくなる（コードとテストの一致）
- デグレードの心配をなくして、機能変更やリファクタリングが可能

なお、デグレードとは「変更により、今まで正しく動いていた他の部分が正しく動かなくなる」ことです。ぜひ、TDDにチャレンジしてみてください。

極意33

コーディングルールの徹底で品質の基盤を作る

開発者によるコードのバラツキをなくすには
どうすればよいでしょうか？

開発者次第では以下のようなことが発生し、手戻り工数が大きくなってしまうことがあります。

- デッドロックが複数発生し、横並び検証だけでも多くの時間を費やす
- 画面によって振舞いが異なり、多くの作り直しが発生する
- コードがスパゲティ状態で、バグ解析ができない

このような状況は、技術力が低い技術者のみが引き起こすわけではありません。確かに実装を行う開発者の力量の差は2倍や3倍どころではなく、10倍ぐらいの生産性の差は普通にあり得ます。しかし、この事象はコーディングルールを徹底することで防ぐことが可能です。また、コードのバラツキを防止することは、保守性の向上にも有効です。

ヒント1 コーディング規約文書の品質を上げる

コードのバラツキを防ぐためには、コーディング規約文書の品質を上げることが有効です。コーディング規約として文書化が必要な4文書について、記載内容は以下の通りです。

(1) コーディングルール

コーディングルールは開発言語ごとに作成が必要です。命名規則、インデントの付け方、コメントの書き方などを定めます。「ルールだから」ではなく、可読性を保つため、技術者として最低限のマナーとして守るのです。

(2) 一貫性を保つルール

一貫性を保つルールとして最低限必要なものは、「デッドロック（互いに相手の完了を待つ状態になり処理が完了しないこと）回避のためDB更新順序の規定」や「排他制御のやり方」などのコード統一です。デッドロックは、更新順序さえ統一できていれば絶対に起こり得ません。このルールは、以下に述べるコードサンプルと同時に記載すると効果的です。このことにより開発者の試行錯誤がなくなり、効率的に実装が進みます。

(3) 必要なコードサンプル

「同一仕様に対して複数の振舞いが存在する箇所」にはコードサンプルが必要です。たとえば「一覧を表示した上で明細を更新する振舞い」といった共通仕様のことで、コードサンプルと紐付けることで「画面によって振舞いが異なり、作り直しが発生する」ことを防ぐことが可能となります。

注意を要するケースは、大規模開発等で複数チームに分かれて開発する場合です。各チームで「操作性の良い画面の振舞い方」を議論し最適な振舞いを導き出しても、これだけでは部分最適でしかありません。この結果をコーディング規約に反映し、全体に徹底することで初めて全体最適となります。

このような例は、エラー制御でも多く発生します。たとえば、開発が遅れているチームで新たに見つかったエラー制御の不具合を全体に組み込むケースです。エラー制御不備が発覚したからには、全チーム共に対処しなくてはなりません。

(4) チェックリスト

チェックリストは、他の規約文書と同時に作成することが効果的です。このチェックリストが形骸化しないように、常に見直しを行うプロセスを定めることが必要です。

形骸化せずに、レビュー前にチェックリストを用いた「レビューイ（レビューされる人）のセルフチェック」を徹底することで、レビュー時の軽微な指摘を回避でき、有識者による効果的なレビューを行う基盤となります。

ヒント2

リファクタリングを習慣化する

美しいことには価値があります。何世紀も前のルネッサンス時代の絵画が現在も価値があるのは「美」があるからです。コードの改修時に、美しいコードに出合うとモチベーションが上がりますが、汚いコードだとやる気を削がれ、レビューする価値も感じなくなります。ましてや、デッドコード（絶対に実行されないコード）は論外で、これは「やりっぱなしの仕事」をしていると言えます。

デッドコードは、プログラム改修時に、コードの意味がわからない部分を、あり得ない条件に設定して（死んだコードにして）改修を進めると発生します。実行されないことをテストで確認して行削除（またはコメントアウト）すべきです。デッドコードは将来の改修時には全く可読性がなく、技術者の品位を下げるものであると肝に銘じるべきです。

リファクタリングとは、「外部的な振舞いを変えずに、内部的な構造を美しく作り直す」ことです。リファクタリングを習慣化することで、美しいコードが常に維持されます。企画部門から新しい機能を追加要請されたときに、コードがスパゲティ状態になっていることを理由に断ったという事例があります。このことは、コードが汚いと新機能の提供機会を失うことがあるという事例です。

なお、リファクタリングを徹底させるために、プログラム改修の雛形作業工程表にリファクタリングを組み込んでいる事例もあります。このようにすることで、「コードを変更する前に、まずコードを綺麗にする」ことが習慣化されます。また、コード解析ツールを使って複雑度や凝集度を測り、リファクタリングを行う閾値（しきいち）を決めるのも一案です。

「改修を重ねた分だけ、洗練された美しいコードに仕上げていく」（マーティン・ファウラー）という意識を持つだけでソフトウェアの寿命が延びる、ということは、「リファクタリングはサスティナブルな取り組みである」とも言えます。

Column

W字モデル

W字モデルとは、「設計と並走してテスト仕様を具体化するモデル」です(**図4.5**参照)。並走して進めるために、設計者とテスト技術者を同時期に割り当てて進めるやり方です。

このモデルは、**図4.5**に示すように多様なメリットがあります。しかし、大きなデメリットもあります。それは、変更時の手戻りコストが通常の2倍になるということです。変更時は、設計書だけでなくテスト仕様書も直さないといけないからです。ということは、要件が途中で変わるような案件には不向きということです。そのような案件ではW字モデルではなく、アジャイル手法を採用しスパイラルに開発すべきです。

ちなみに、法改正対応のような「要件が変わらないケース」ではW字モデルを使って工期を半分にできた事例もあります。

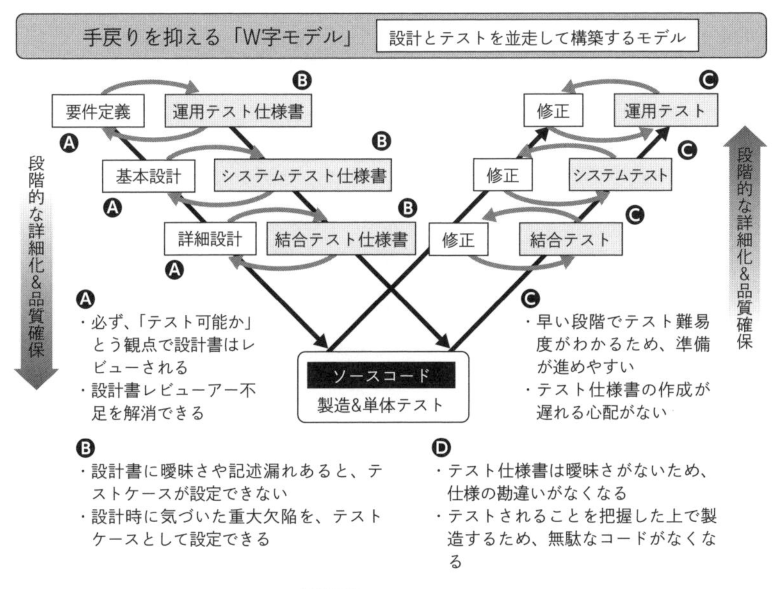

図4.5 W字モデル

極意34

全量のレビューで品質確保の基盤を作る

現場でレビューが徹底されず、いつまで経っても手戻りがなくなりません。レビューを定着させるためにはどのようにすればよいでしょうか？

人間の本質は気まぐれで、怠け者で、不注意で、単調を嫌います。また、気力が充実しているときでも、うっかり、勘違い、間違い、思い込みをするものです。その上、自分で書いた文章の不備は、自分では気づくことが困難です。したがって、すべての文章を第三者の目で確認をする必要があります。しかし、現場は「全量をレビューする時間なんてとれない！」「現場の忙しさを理解していない！」旨の声を返してきてレビュー実施を徹底せず、簡略化、または省略しがちです。その結果、不十分な品質確認のままでサービスを開始することになり、そのことが本番障害に繋がって、システムオーナーの信用を低下させることもあります。

欠陥除去の方法としては「テスト重視」もありますが、「1：10：40：100の法則」（コラム参照）でも言われているように、工期とコストを短縮するためには、より上流での欠陥検出ができるレビューに注力するべきです。

また、テストは最終工程に近づくほど、納期とコストを優先せざるを得ず、「根本原因の解消」より「暫定対応」を選択する場合もあります。そして、暫定対応は、別途予算が付かない限りそのまま放置されることがあります。さらに、この暫定対応で本番運用を続けた結果でデータの不整合が発生した場合は、対応難易度と対応工数共に増加してしまいます。その上、このようなケースでは顧客への説明も難しくなります。

しかし、レビューは根本原因の排除も可能なプロセスであり、多様な対策を打てるため、設計や製造のやり直し、テスト仕様書の再作成や再テスト、欠陥分析やトラブル対応／報告といったコストを最小化できます。

ヒント1

レビュー実施で減らせたコストを工数と金額で示す

レビュー工数が遅延原因になることはあり得ず、「欠陥起因による手戻り」(やり直し) がプロジェクトを遅らせることを、現場が認識できるようにしないといけません。また、レビューの実施自体は目的ではなく、「レビューをいっぱいやりました！」はコストをかけただけです。効果が出て初めてレビューの目的が達成されます。そのため、「レビュー効果」(レビュー価値) を可視化し、レビュープロセス改善に繋げなくてはいけません。

現場の誰もが客観的にレビュー効果を感じられるようにするには、具体的なコスト (工数と金額) で示すことが良いです。そのためには、レビュー効果を以下のように定義します。

レビュー効果 ＝ 抑止できた手戻りコスト － レビュー実施コスト

このようにコストで比較して、「抑止できた手戻りコスト＞レビュー実施コスト」となっていれば、レビュー効果がプラスとなり、レビュー効果が出たことが一目瞭然となります。反対にレビュー効果がマイナスになる場合は、レビュープロセスを改善するモチベーションにも繋がります。

上記の定義でレビュー効果がマイナスになる典型的な例は、「誤字脱字のみ指摘してレビューが終了した」場合です。この場合は、「レビューに時間を費やしたが、手戻りに繋がる欠陥を１つも検知できなかった」ために、レビュー効果がマイナスとなってしまいます。この例のように、この定義によりレビュー効果を可視化することが可能です。

なお、この施策は、当たり前に全量のレビューを実施するレビュー文化の醸成に繋がり、上層部への「響く説明」も可能となると考えられます。

表4.9にレビュー効果の求め方の計算例を示します。

「実施コスト」は「レビュー参加人数×レビュー時間」で算出します。なお、ランク別のレビューアーの時間料金が端数にならないような月額人件費を設定し、時間料金は１か月＝20日×８時間＝160時間で算出しました。

「検出工程」は工程毎にポイントで重みを付け、修正コストはプログラマーの時間料金で計算します。

「抑止できた手戻りコスト」は「検出工程×修正範囲」で算出します。

表4.9 「レビュー実施コスト」と「抑止できた手戻りコスト」の計算係数

【実施コスト】	システムアナリスト	システムエンジニア	プログラマー
月額人件費	160万円	120万円	80万円
時間料金	10,000円	7,500円	5,000円

【検出工程】	要件定義	基本設計	詳細設計	製造
Point	5point	3point	2point	1point

【修正範囲】	大	中	小
	システム全体	複数モジュール	単一モジュール
Point	10 point	4point	1point
修正時間	40 時間	16 時間	4 時間
修正コスト	200,000円	80,000円	20,000円

表4.10は、「レビュー実施で約6人日の総工数を削減した」という定量的な見える化の例です。金額の算出方法に議論の余地はありますが、単なる「指摘件数」より、レビュー効果を実感しやすいと思います。この数値を一覧化し、部署間やプロジェクト間で競ってみてはいかがでしょうか？

表4.10 ケース設定と算出結果

基本設計にて、システムアナリスト（SA）2名、システムエンジニア（SE）2名で事前査読を1時間、レビューを1時間実施し、複数モジュールに関わる欠陥を1件、単一モジュールに関わる欠陥を1件検出した。	
抑止できた手戻りコスト	(修正範囲が中(80,000円)+小(20,000円)) ×検出工程(3 Point)=300,000円
レビュー実施コスト	SA(10,000円×2時間×2名=40,000円) +SE(7,500円×2時間×2名=30,000円)=70,000円
レビュー効果	300,000円−70,000円=230,000円 230,000円/(5,000円×8時間)=5.75人日(約6人日)

Column

手戻りコストの「1：10：40：100」の法則

欠陥の検出が後工程になる程、対応工数が増大する一例を紹介します。

たとえば、基本設計の欠陥を基本設計工程で検出し修正した場合の工数を1とした場合、単体テスト工程でその欠陥を検出し対応した場合は10倍（手戻りコスト①）かかり、以降のテスト工程では40倍（手戻りコスト②）、サービス開始後では100倍（手戻りコスト③）に増大します。この法則は、レビュープロセスをより上流から実施することの重要性を表しています。

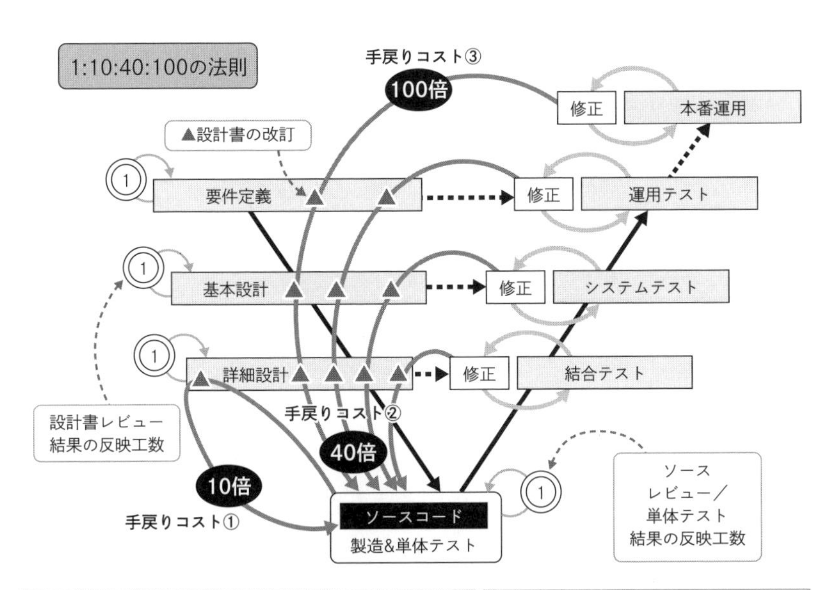

手戻りコスト①

- 設計書の改訂
- 設計書レビュー
- テスト仕様書改訂
- 仕様書レビュー
- テストデータ作成
- ソース修正
- ソースレビュー
- 単体テスト

手戻りコスト②

- 障害票の起票
- 設計の見直し
- 再現データ準備
- 欠陥除去の確認
- 欠陥の再現
- 回帰テスト
- 欠陥原因の特定
- 欠陥分析
- 要件の見直し
- 類似欠陥調査

＋手戻りコスト①

※設計者、製造者共に継続アサインされているとは限らない

手戻りコスト③

- サービス停止、切り戻し／再開、損害賠償
- 人海戦術の応急処置、データリカバリ
- 状況／原因報告（社内、客先、金融庁）
- 再発防止策立案／実施

＋手戻りコスト①＋手戻りコスト②

※設計者、製造者共にプロジェクトから離れているのが常

図4.6　1：10：40：100の法則が示す手戻りコスト

[Barry W. Boehm. "Software Engineering Economics". Prentice Hall. 1981]を参考に筆者作成

極意35

レビュー目的の明示でレビュー効果を上げる

レビューでの指摘漏れをなくすには
どのようにすればよいでしょうか？

時間をかけてすべての成果物をレビューしているにもかかわらず、以下のようなことが現場で起きることがあります。

- **投資効果を客観的に判断できない企画書が企画会議に提出される**
- **予算を超える開発規模での合意で進め、納期遅延を引き起こす**
- **漏れや曖昧さがある要件定義のため、設計以降で作り直しが発生する**
- **一貫性や整合性がとれていない設計での製造で、品質問題が発生する**
- **非機能要件の設計確認漏れがあり、性能面の品質確保ができなくなる**

このような事象は、レビューにて、成果物毎の必要な観点を確認することで、事前に回避することが可能です。そのためには、レビューアー（有識者）の気づきだけに頼るのではなく、レビューアーの問題意識が成果物毎に異なる「重要なレビュー観点」に向かうように、レビュー目的を明示してレビュー漏れを防止することが得策です。

しかし、指摘が誤字脱字や表記の不統一にばかり目が行き、いつまで経ってもレビュー漏れがなくならない現状もあります。つまり、誤字脱字等があると、そのことがノイズとなり、必要なレビュー観点に意識を向けづらくさせてしまいます。また、誤字脱字等は、いくら指摘しても機能漏れや機能誤り、不整合をなくすことはできませんが、品質不信に繋がらないように、完全に排除しなくてはいけません。したがって、以下の点に留意することが必要です。

- **正しい日本語文書にする**
- **正確に伝わるように曖昧な日本語表現をなくす**
- **その上で、成果物毎に異なる作成目的に合ったレビューを実施する**

ヒント1

ダメな日本語文書をレビュー前になくす

誤字脱字や表記の不統一がある文書を顧客打合せや顧客レビューに持ち込むと、品質への不信感を抱かれ、顧客との関係まで悪くなってしまうことがあります。したがって、「日本語文書としての品質確保はプロとしての最低限の品質レベルである」と考えて取り組まないといけません。また、この確認は新人でも対応可能であるため、有識者レビューを実施する前に行うべきです。なお、どのような言語でも同じだと思いますが、日本語文書（ビジネス文書）のレビュー観点は以下の通りです。

- 読み手の立場で、5W1Hが明確か？（Who：誰が、What：何を、When：いつ、Where：どこで、Why：なぜ、How：どのように）
- 結論から記述され、章立て（見出し）により論点が明確か？
- 言葉の表記は統一され、誤字脱字がないか？
- 日本語として正しいか（正確に意味がわかるか）？
- フォーム崩れ、印刷時の文字切れ、罫線切れがないか？
- 文書種類毎の記載ルールに準拠しているか？

なお、チェックリストを作ってのセルフチェックの徹底や、データディクショナリ／用語集の整備も必要となります。また、くどいようですが、上述の確認は、有識者レビュー前の「セルフチェック」が基本です。

ヒント2

曖昧な日本語表現をレビュー前になくす

現場で作成されている成果物では、大げさではなく、曖昧な文章が散見されます。曖昧な文章が元で間違った解釈での開発が進んでいき、手戻りが発生することは避けなくてはなりません。日本語は文脈依存性が高い言語であるため、この日本語の特性を理解して文章を書かないと曖昧な文章となり、勝手な解釈でのモノ作りとなってしまいます。ですので、私たちが書く設計書では、読み手によって解釈が異なる文章を書いてはいけません。

表4.11に、曖昧さをなくす５個のレビュー観点毎に、日本語の言語特性の解説と曖昧さをなくす文章を書く上での解決策を示します。

表4.11 曖昧さをなくす５個のレビュー観点

【観点１】主語、目的語の明示漏れを確認する
（日本語の言語特性）主語や目的語がなくてもよく、曖昧でも許される
「愛している」は英語では「I love you」となり、主語と目的語を明示しないと文章として成り立たないが、日本語では主語と目的語を明示しなくても文脈で意味を理解できる。しかし明示しなければ意図したものと違う解釈をされる可能性があるため、日本語文章では、主語と目的語を意識して明示する。
【観点２】主語から記述する
（日本語の言語特性）助詞（「て」「に」「を」「は」など）を使って単語の順番を自由に変えられる
「社員が報告書を書いた」という文章を「報告書を社員が書いた」と語順を変えると、「いつもは報告書を非正規社員が書いている」というような言外の意味が入ってしまう。したがって、主語から記述することで、不要な意味が入り込むことを排除する。具体的には、英語の基本５文型（「S＋V＋O」等）を意識して、簡潔な文章にし、必要な内容は名詞句や別文で解説する。
【観点３】助詞「の」に着目し、複数の解釈がないかを確認する
（日本語の言語特性）助詞「の」は複数の修飾を可能にする
「黒い目の可愛い少女」という文章は、「目が可愛い黒い少女」「黒い目をした可愛い少女」「黒目が可愛い少女」のどの意味か特定できない。したがって、「の」を使うときは他の解釈がないかを確認し、他の解釈がある場合は文章を変える。具体的には、単文を複文にする。または、名詞句への変更を考える。
【観点４】助詞「は」に着目し、言外の解説漏れを確認する
（日本語の言語特性）助詞「は」は文章化してない意味を発生させる
「納期は間に合った」という文章は、「納期以外に問題あり」という言外の意味が入ってしまう。したがって、助詞「は」を他の助詞に変えるか、対比する話題も記載する。
【観点５】否定文は意味を確認する
（日本語の言語特性）否定文は意味の解釈を難しくする
「顧客コードが100でなく、あるいは999でないレコードは、マスターから削除する」をそのままでコードを書くと、「IF 顧客コード≠100 or 顧客コード≠999 THEN マスターから削除」となり、すべてのレコードが削除されてしまう。したがって、否定文は意味を論理的に考える。なお、正しい日本語文は「顧客コードが100か999のレコードは残し、他のレコードはマスターから削除する」である。上述は一重否定文の解説である。二重否定文（例：「この条件が成り立たない場合はない」）については、明確性が求められる文書では使用しない。肯定文（例：「この条件は必ず成り立つ」）で記載することが必須である。

ヒント3

成果物毎の作成目的に合わせた観点でレビューする

プロジェクト資料や技術文書は、文書の種類毎に作成目的が異なります。したがって、その作成目的に合致した観点を持ってレビューを実施しないと、レビュー漏れが発生してしまいます。

表4.12に、プロジェクト資料と上流工程での成果物に対し、それぞれレビュー目的として設定するとよいレビュー観点を示します。

表4.12 成果物毎のレビュー観点

プロジェクト資料	計画書では「実現妥当性の確認」、管理資料では「関係者間で認識齟齬がないことの確認」、記録資料では「記載漏れの確認」、報告資料では「記載漏れの確認、品質確認」等を重視する。
企画書または要求分析書	新システムでの「将来業務のありたい姿」の記載内容に対して、何をいつまでに（サービス開始日程）、いくらで（予算）作りたいかという要求の導入効果と費用に客観性があり、投資判断ができる内容になっているかを確認する。あとは要求内容の正しさには判断基準がないので、日本語として正しく、納得感のある内容であることを確認する。
要件定義書	定義された要件の妥当性評価と検証が必要。具体的には、5W2H（何のために、誰に対して、どの範囲で、何を、どれくらいの工数をかけて、いつまでに、どのように）に対して、漏れなく、矛盾なく、曖昧さがない内容で記述されていることを確認する。なお、5W2Hが文書化されていない段階で要件定義を終了してはいけない。また、理解しやすい形に業務を構造化した上で、業務ルールが漏れなく記載されていることと、妥当性を確認していない数値での性能要件を設定していないことの確認もする。
基本設計書	すべての要件の具体化に対して、業務との整合性とインフラとの整合性（性能等）を評価し、設計書間の整合性がとれていることを検証する。具体的には、業務が実装する機能の単位まで階層的に分解され、機能単位に、誰がどんなデータを、どのタイミングで、何を目的に使うかが明確に記載されていることを確認する。なお、前提として、対象業務で扱うデータがすべて定義されていることの確認も重要である。また、すべての非機能要件の実装方式に対しての妥当性確認と、各種設計標準の十分性評価も重要である。
詳細設計書	基本設計書と一貫性を持った形で、構成要素の構造と内容の記述が、製造可能なレベルに具体化できているかを確認した上で、「設計内容のテストのしやすさ」も確認する。また、実装を開始するために必要な文書が揃っているか（コーディング規約等）もレビューの対象とする。

極意36

レビュールールを明文化して周知する

効果的なレビューを効率的に実施するには
どうすればよいでしょうか？

レビューは「ドキュメントやソースコードを読んで間違いを指摘する」といったシンプルな内容ゆえに、形式的になりやすく、やり方の自由度も高いプロセスです。「誰でも勘違いやミスをするものだからレビューをする」程度の認識で行うと、以下のようなことが開発現場で起こってしまいます。

- **レビュープロセスを軽視してやり方を検討しない**
- **形骸化したチェックリストや記録フォームで形式的にレビューをする**
- **レビュー会議が、質問ばかりで欠陥指摘から話が逸れる**
- **レビューアーが誤字脱字ばかりを指摘して、成果物の理解だけに専念する**

このような状態でのレビュー実施では、効果を実感できずにレビュー自体が形骸化します。その結果、欠陥検出が後工程に持ち越され、総工数は増大してしまいます。また、自身の経験や慣習が正しいと固執している経験重視主義の技術者は、レビュープロセスの改善に耳を貸さない傾向があります。このようなケースでは、なおさらルール化が有効となります。

ヒント1 レビュールールを明文化し、レビューアーが周知する

レビューは個人タスクではなく、共同タスクです。複数人でやるからにはルールが必要です。全員がルールを守らないと共同タスクはうまくいきません。そのため、レビュールールを文書化し周知することが必要です。

周知するための施策としては、「レビュー説明会」を開催し、説明役をレビューアーが行う形で実施することです。ルール文書の作成者以外が説明す

ることで、ルール作成者はこのルール文章がどのように解釈されるかを目の当たりにすることができます。そのことで、ルール表現の不適切な部分があれば改定でき、説明者の解釈間違いがあればその場で指摘できます。また、説明役に指名された人間は、自分が説明した手前、ルールを守らざるを得ないといった周知効果も働くので、一番守らせたい人間を指名するのも一つの手段です。**表4.13**に、「周知内容」と「実施基準」を列挙します。

表4.13　レビューをスムーズに進めるためのルール

【周知すると良いレビュールール】	
レビュー依頼	依頼方法や期日、参照成果物と対象成果物の特定方法
会議前の事前査読	誤字脱字はレビュー会議前にメモで伝える、指摘する箇所を特定するだけでなく、改善策も考える
文書レビュー	指摘内容を意見として書き込む、添削はしない
レビュー会議	開始時、進行中、終了時に、進行役が配慮すべきこと （進行役の進め方次第でレビュー品質は確実に高まる）
レビュー記録	確実にレビュー結果を反映するために必要な記録内容
【事前合意が必要なレビュー実施基準】	
配布基準	レビュー依頼前の対象成果物が満たすべき品質要件
開始基準	レビュー会議を実施する前提条件
指摘基準	欠陥と見なして指摘する内容（発注先成果物のレビューをする場合は、発注前に提示するのがよい）
評価基準	合格／条件付き合格／再レビュー／未完了の基準

ヒント2

レビュー効果と効率を高めるプロセスをルール化する

レビュー効果を上げる、つまり、「レビュー実施コスト」より「抑止できた手戻りコスト」を高めることに対して、メンバー全員が納得する合理的なアプローチで取り組むのがよいです。以下に３つの施策を紹介します。

(1) レビューアーを役割分担する

レビューアーの役割を分担することで、レビューアーのボトルネックや、指摘の重複を解消できます。そして、この担当者が自分の担当範囲の「チェックリスト」の改定に責任を負うとさらに良いです。何の策も講じないと、有識者は多くのレビューに招集され、負荷がどんどん増えていく結果を招きます。なお、このやり方は、「レビュー視点や立場」や「欠陥の種類」で分担することも可能です（**表4.14**参照）。このようなやり方をすることで、多くの欠陥指摘が可能となり、手戻りコストをより抑止することができます。

表4.14　レビューアーの分担例

役割	業務仕様担当	実装方式担当	標準化担当	－
視点／立場	利用者	運用担当者	テスター	新人
欠陥種類	機能漏れ／不備	機能誤り	一貫性欠如	特定欠陥

(2) チェックリストにレビュー品質を埋め込む

チェックリストとは、欠陥を検出するための指示であり、ノウハウや知見の展開手段です。また、経験不足を補う手段でもあり、未熟者の学習ツールともなります。しかし、チェックリストは常に進化させないと形骸化が進み、肥大化し使われなくなってしまいます。また、作成者がチェックできることをレビューアーがチェックするのは時間のロスであり、作成者が「チェック済」なのに確認漏れが発生するのはチェックリスト品質が悪いと考えて改定すべきです。効果的な「チェックリスト運用」を以下に例示します。

- **チェックリスト自身を定期的にレビュー対象とする**
- **失敗や欠陥から学んだ経験を反映して随時アップデートをし続ける**
- **チェック項目は１頁を目処に有効さを判断して削除する（約25項目）**

(3) 確実なフォローアップを行う

レビュー指摘をいくらしても品質は上がりません。指摘事項を適切に反映して初めて品質が上がります。したがって、「指摘の確実な反映」が必要です。このことを怠ると、レビューで指摘した欠陥がテスト工程で顕在化することになります。また同時に、未解決課題の対応と同種欠陥の再発防止も必要です。上記事項に対してフォローアップ（**表4.15**参照）をすることで、１個の指摘を確実に品質向上に繋げることが可能です。

表4.15　レビュー会議後のフォローアップ事項

指摘の確実な反映	指摘内容に対して「再鑑者」を任命し、再鑑者が確実な対応に責任を持つ。
未解決課題の影響範囲特定	未解決課題にIDを振って一覧化し、機能一覧上で課題の影響範囲を特定して対応漏れを防ぐ。
同種欠陥の再発防止	顧客から受けた指摘を「横展開が必要な指摘一覧」として管理し、横並び確認で反映漏れをなくす。なお、このようにすることで顧客クレームも防止する。

ヒント3

致命的な欠陥を削減するルールを決める

サービス開始後の致命的な欠陥は、システムオーナーの社会的信用を落とすこととなります。このような事態を引き起こさないためには、致命的な欠陥を特定する必要があります。そこで、レビュー記録の指摘明細に「利用者影響度」欄を設けて、**表4.16**のように分類して記録します。

表4.16　指摘内容の利用者影響度

致命的	顧客の信用低下に繋がる、または経営に影響を及ぼす欠陥
重大	業務運用に支障を及ぼすが、影響が社内にとどまる欠陥
軽微	業務運用にも支障を及ぼさず、システム部内にとどまる欠陥

そして、「致命的」と特定された欠陥が検出された場合は、「欠陥除去責任者」を決めて、レビュー指摘の適切な反映と、横並び調査の遂行の責任を負う運用を行うことがよいです。何が「致命的」であるかは、モノ作りの人間ではなく、顧客が判断することです。顧客レビューにて、「この機能で、あってはならないことは何ですか？」というヒアリングを漏れなく実施することで業務理解を深め、聞き出した「致命的な欠陥」を一覧化し、「何が致命的な欠陥か」という認識をメンバー全員で合わせることが、品質担保の第一歩となります。

極意37

テスト品質はテスト計画で決まる

テスト計画書にはどのような内容を
記載すればよいのでしょうか？

「テスト計画は毎回作成していますが、正直面倒で作成する意味を十分理解していないで作成していました。また、プロジェクトの内容や特性を検討しないまま計画書を作成したために不適切な計画となってしまい、いざ実施してみると品質や日程で問題を抱え、最終的に炎上プロジェクトとなってしまいました」。このような経験をすれば、テスト計画によってプロジェクトの品質が左右されることを身をもって体験し、テストにおいてどのような品質を目指すのかを明確にすることの必要性を改めて実感するでしょう。このような経験をしないように、テスト計画の重要性を理解していなければなりません。テスト計画にはリソース面（時間、人、モノ、金）の記載も必要ですが、ここでは、目指す品質に焦点を当てた項目について解説します。

ヒント1

テストの目的、基準を決める

「段取り八分」という言葉があるように、テストの品質はテスト計画で決まると言っても過言ではありません。限られた日程の中でテストを実施し終了することと、品質を確保することの両方が求められます。このような条件下で、テスト内容に統一性を持たせ、求める品質を確保するためには、テスト計画書のそれぞれの項目の中で以下の２点を明確にする必要があります。

(1) テスト目的を具体化する

テストの目的は品質を確保することです。品質というとバグが一番に思い浮かびますが、それだけではない要件（パフォーマンス要件、セキュリティ要件、法的要件、使いやすさ等）の確保も必要です。テストにおいて何を達成したいのかが明確になっていないとテストの内容に統一性を欠き、目的とした品質が得られなくなります。このような状況に陥らなくするためには、

- **プロジェクトの特性上で求められる品質にフォーカスを当てる**
- **新人や新たな委託先が担当した機能のテスト密度を上げる**
- **重要な機能や品質が心配な機能を特定して重点的にテストをする**

などの施策が考えられます。さらに、各工程別に以下の確認を期日内に終わらせることを目的としなくてはなりません。

- **単体テスト：設計したことがマシン上で意図通り動作するか**
- **結合テスト：すべての実装が設計書通りに動作するか**
- **総合テスト：稼働可能なレベルの品質に達しているか**

(2) テストの開始基準と終了基準を決める

単体テスト、結合テスト、総合テストの各工程に開始基準、終了基準を定める必要があります。テスト開始基準が整っていない状態でテストを開始すると、途中でテストを続行できなくなることがあります。また、次の工程に進んだところで、前工程で発見されるべき不具合が発見され前工程に戻っての再テストが必要となってしまうこともあります。さらに最終的に達成したい品質が明確になっていないと、いつ終了してよいのかわからなく、テストが十分であったかもわかりません。最悪のケースは終了基準が不明確のまま、テスト期間終了をもってテストを終えることです。このような状況に陥らないために、テストの開始条件、終了条件を定め、満たされているのかを確認する必要があります。また、終了基準は品質計画で定義された品質指標の目標値とリンクしていることが必要です。リンクしていないとプロジェクト全体の品質が達成できない要因となってしまうからです。

ヒント2

テスト項目の優先度を決める

納期の１週間前に、不具合修正に２週間かかる不具合が検出されると、その時点で納期遅延が確定してしまいます。単体テスト・結合テストでも同様のことが発生すると、次工程の日程が遅れてしまいます。これらに対する対策としてのテスト項目の優先度を以下に例として示します。

単体テストでは、対応難易度が高い不具合の優先度を上げる。

- **実装難易度が高く、不具合が多く発生しそうな機能の確認（複雑なロジック、データバリエーションが膨大）**
- **手戻り工数が大きい機能の確認（インタフェースの多い機能）**
- **重要機能の確認**

結合テストでは、改修工数が多い不具合の優先度を上げる。

- **テストが中断する障害がないことの確認（疎通テスト）**
- **機能間結合の正しさの確認（入出力のバリエーション）**
- **振舞い齟齬がないかの確認（設計で意図した動作をするか？）**
- **振舞いや表現が統一されているかの確認（標準化の徹底）**
- **システムの根幹となる業務ロジックの確認**

総合テストでは、稼働後の顧客影響度を考慮し優先度を設定する。

- **重要機能（中核機能）や社会的信頼度を左右する機能の確認**
- **非機能要件の確認**
- **データリカバリ工数が大きい欠陥の確認（データ更新の条件文等）**
- **利用頻度が高い機能の確認**

ヒント3

テスト計画の内容をステークホルダーと合意する

一連のテストが計画通りに終わりステークホルダーへ報告を行ったが、報告内容についてダメ出しを受けたことはないでしょうか。日程通りで品質も

確保したのになぜだろうと確認をしたところ、

- **ステークホルダーの要求品質基準がテスト計画より高かった**
- **要求指標に漏れがあった**
- **重視している機能のテストが不十分であった**
- **テスト観点が漏れていた**

などの発覚により追加テストが発生し、納期遅延に繋がることもあります。

このように、テストの終了基準の齟齬が後から発覚することのないように、ステークホルダーとプロジェクトが始まる前に十分に確認し合い、テスト計画書に反映し合意しておくことが必要です。

ヒント4 リスクをテスト計画に反映する

リスクマネジメントでは、開発におけるさまざまなリスクを挙げ、適切なリスク対策を行うことになりますが、テスト計画での対応・考慮が求められるリスクも存在します。

表4.17 テスト計画におけるリスク観点

開発途中での要件変更	要件変更有無のモニタリングを行い、変更内容がテスト日程・テストケースに影響しないかを考慮する
実装難易度が高い機能	実装難易度が高く不具合が発生しそうな機能は、事前に仕様を確認して内容をテストケースに反映する
人的リソース	新規メンバー追加や交代によりノウハウ不足が懸念される場合は、テスト実施に影響がないように教育計画を立てる
セキュリティ対策	脆弱性を突かれ情報漏洩やサービス停止に至ることのないよう、リスク内容を把握し、テスト設計を行う
テストケース不足	仕様の確認不足や仕様が不明確であると正しいテスト内容を把握できない。不明確点をなくし、仕様を正しく把握する
テストデータ不足・不備	テストデータ不足や不正確なテストデータで実施すると品質を正しく判断できないばかりか日程にも影響を与える。テストデータの充足度・正確性を事前に確認しテストに備える
テスト環境不良・違い	テスト環境が正しくないと正しい結果を得られない。使用するハードウェア、OS、ソフトウェア、接続される他システムを確認する

極意38

類似不具合を漏れなく炙り出す

同じような不具合が多発して進捗が遅れて
しまわないようにするためには
どのようにすればよいでしょうか？

テストを進めていくと、前に見つけた不具合と似た不具合が別の箇所で見つかり、手戻りが発生するばかりでなく、「他にも同様の不具合が隠れているのではないか」と見直すことになりテストが大幅に遅れてしまうことがあります。

また、サイクルの短い期間でリリースが繰り返される開発の場合では、根本原因への対策が行われる前に次の開発が始まってしまい、前の開発で発生した類似不具合が再度発生し、テストが遅れるという負のサイクルに陥いることもあります。

上記のようなことを繰り返さないためには、

- **水平（横）展開を確実に実施して類似不具合をすべて炙り出す**
- **再発防止対策によりすべての根本原因を取り除く**

ことが重要です。

ヒント1 類似不具合の炙り出しを水平（横）展開する

テスト実施は、不具合を発見しバグ票に記載して終わりではありません。類似不具合を見逃さないための着目点を以下に解説します。

(1) 類似処理で同様の不具合が発生しないか確認する

一つの不具合が発見された場合、類似の不具合が潜んでいる可能性があります。特に類似の処理の場合に同じコードが使われていると、類似の不具合が発生する可能性が高くなるので、類似処理で同様の不具合が発生しないか、水平（横）展開して確認を行うことが必要です。

また、プロジェクトは一人ではないので、情報共有を十分に行い、自分の担当するテスト範囲だけでなく他の人のテスト範囲も含めて、発見された不具合と同様の不具合がないかを確認することも必要です。そのためには、バグ票に十分な情報を記載しなければなりません。

(2) バグ票の情報は、テスト担当者や開発者が類似不具合を見つける手助けとする

不具合の原因によっては別の処理にも類似の不具合が潜んでいる可能性があります。バグ票への記載項目が不足していると、直接的な原因対策にとどまり、根本原因の対策が行われないまま別の箇所でも同様の不具合が発生してしまう場合があります。

このようなことを防ぐためにバグ票には、「不具合の状況」「不具合を作り込んだ直接の原因」の内容だけを記載するのではなく、「検出すべき工程」「その工程で見逃した原因」「利用者から見た不具合の種類」も記載することが必要です。なお、この情報が不具合分析を行う上での重要な情報源となります。

表4.18　記載した方がよいバグ票項目例

項目	例
不具合の状況	再現手順、テスト環境
不具合を作り込んだ直接の原因	規約違反、記載内容の曖昧性や解釈間違いによる仕様誤認識、コードの誤入力（タイプミス）
検出すべき工程	要件定義レビュー、設計レビュー、単体テスト、結合テスト、総合テスト
検出すべき工程で見逃した原因	テストケース漏れ（不足・間違い）、仕様書不良、テストデータ不良（不足・間違い）、テスト環境不良（不足・間違い）、テスト未実施、レビュー不足（未実施、項目不足、時間不足、人的不足）
利用者から見た不具合の種類	機能不良、操作性不良、性能不良、信頼性不良、データ妥当性不良、セキュリティ不良、拡張性不良

また、この不具合が本番稼働後に発生した場合の影響を記載する欄をバグ票に設けるのも一案です。これにより不具合発生防止への意識を上げることができます。

表4.19　不具合が本番稼働後に発生した場合の影響記載例

不具合が自社や顧客に与える影響	サービス停止または低下による収益の損失 復旧対応によるコスト増 信頼性やブランドイメージの低下
不具合発生後に対処が必要となる対応	社内や顧客への連絡範囲 障害対策および再発防止対策の策定

(3) 検出すべき工程で発見できなかった原因を特定する

単体テストで発見すべき不具合が後の工程で見つかった場合、単体テストで発見できなかった原因を特定する必要があります。原因としては「テスト仕様書不良」「テスト項目漏れ」「テスト項目解釈間違い」「テスト項目見逃し」「テストデータ不適切」「テスト環境不適切」「テスト確認不良」などが考えられます。発見できなかった原因を特定した上で、この不具合と同様の原因で不具合を見逃していないかを共有し確認することで、類似不具合を炙り出せます。

また、検出すべき工程で見逃した不具合は、何を見逃したのかという背景や状況を分析し、見逃し防止策を講じないと何度でも見逃してしまうことになります。

なお、不具合を見逃した原因を分析することは、技術者の検証技術が磨かれることに繋がるので、原因分析を楽しんでみてください。

ヒント2 根本原因を取り除き、再発を防止する

不具合の直接的な対策を実施しても、その根本原因が特定され排除されていないと再発してしまいます。特にサイクルの短いプロジェクトでは、不具合の分析を十分に行う時間的余裕がないために、不具合発生の根本原因を正すことなく次のプロジェクトへ進んでしまうことがあります。このようなことは再度類似不具合を発生させ進捗の遅れの要因にもなってしまいます。これらを防ぐための対策は以下の通りです。

(1) 不具合の背景を深堀りして根本原因を見つけ出す

不具合の原因として「分岐条件の不足」が挙げられた場合、対策として「分岐条件の追加」で終わっていないでしょうか。「分岐条件の不足」は根本原因でないため、根本原因を究明しないとまた同じ不具合が起きてしまいます。「分岐条件の不足」を深堀りすると「仕様書の勘違い」が浮かび上がり、「仕様書の勘違い」を深堀りすると「仕様書が曖昧な表現だった」が浮かび上がります。そして、これを深掘りして「受注ステータスが変更されないことが明示されていなかったこと」が根本原因だとわかったとします。つまり、「状態遷移表を使って状態遷移しないことが明示されていれば、仕様が明確で、勘違いしなかった」という対策すべき根本原因が判明します。そして、このことから、「『できることを明示する状態遷移図』だけでなく、『できないこと、起こり得ないことも明示する状態遷移表』も作成する」という、根本原因への具体的な対策を導くことができます。

このように、根本原因を見つけるには、その背景にある要因を深堀りして真の原因が見つかるまで「追究」していく必要があります。ただし、深堀りを行う際に、原因を人に向けてしまうと組織としての学びがなくなってしまいます。このことは人に対しての「追及」となるので、人への責任とならないように気をつけることが必要です。

(2) 根本原因対策に優先度をつける

サイクルの短いプロジェクトや不具合が多いプロジェクトでは、根本原因対策を行う時間が足りず、対策ができないまま次のプロジェクトが開始され、類似不具合が発生してしまうことが多く見受けられます。このように類似不具合が発生する場合は、後工程に影響の大きい不具合や、手戻りが大きいと思われるものから優先して根本原因を取り除くことで、たとえ類似不具合が発生したとしても、不具合の影響度合いを下げることが重要となります。

このとき、導いた根本原因の中でより上流に関する対策（1：10：40：100の法則：**図4.6**参照）や、対応工数の大きくない不具合から対策を実施していくと効果が大きくなります。

ヒント3

漏れをなくすためにテストツールを使う

品質を確保するためにテストツールを使うのも手段の一つです。

テストツールの種類は以下のものが挙げられます。

- **静的解析ツール**：ソースコードの解析
- **自動実行ツール**：ワンクリックでのテスト実行
- **テスト管理ツール**：テスト実績の見える化
- **セキュリティテストツール**：脆弱性を検知

ツールを使うメリットとしては、以下が考えられます。

- **不具合の早期発見**：ビルド毎に実施が可能であり、早期に不具合を発見できる。手動で行うのに比べ、早い段階からの不具合の発見に繋がる
- **テスト効率の向上**：手動で行うのに比べ迅速に実施でき、効率向上に繋がる
- **再現性の確保**：複雑な手順でも同一の手順で実施されるため、再現性が確保される
- **繰り返し可能なテスト実施**：負荷テストや性能テストのように時間がかかるテストで指示をするだけで、何度でも実施が可能
- **24時間365日のテストが可能**：夜間や休日でも実行が可能
- **リグレッション（デグレード（修正による他の箇所の不具合作り込み）していないことの確認）確認の自動化**：プログラム改修のデグレードが思わぬところに出てしまうことがあるが、テストツールを実行することで発見できる
- **テスト実施の見える化とテスト結果の自動収集**

Column

検査記録の偽装・改ざんを許すな

「日本品質」を背景に世界を席巻した日本製品ですが、近年検査記録の偽装や改ざんのニュースが後を絶ちません。

- 実施していない検査を過去のデータを用いて実施したことにする
- 測定データを合格値に改ざんする
- 合格するように試験条件を変える

上記のような偽装・改ざんの例は多数に上ります。

テストを正しく行うことは企業への信頼の根幹であり、不正が発覚した場合は企業への信頼の失墜も計り知れないことは言うまでもありません。それがわかっていながら偽装・改ざんが行われる一因として、テスト工数の不足が考えられます。

- 短期間での開発が求められ、必要なテスト期間が設けられていない
- 開発が計画通りに進まないにもかかわらず、工期の変更が認められずテスト期間が短くなる
- 近年の複雑化している機能の組み合わせにおいて、すべてのテストをカバーするには工数が足りない

上記のような工数不足に対応するために、実施すべきテストと実施しなくてもよいテストを見極め、直交表を用いて組み合わせを絞る、自動実行ツールを用いるなどの、工数不足をカバーする手法があります。

いずれにしても、必要なテストは定められた手順で実施し、正しく記録に残すことが重要です。このことをテスト実施者が意識をして実践することが重要ですが、経営者自らが、不正を行わせない・不正を許さない企業文化を創り、機会のある度に社内に伝え、品質文化を醸成していく姿勢を示すことがさらに重要です。

極意39

品質向上には、計測と評価が必要

品質分析・評価で効果を上げるには
どのようにすればよいのでしょうか？

品質分析・評価を実施しても、データ採取が目的となり定量的な数値の報告になっているため、プロジェクトに活かされない場合が多くあります。評価結果が改善施策にフィードバックされるように、品質データの「活用目的や意図」を共有した上で「分析と評価」をする必要があります。特に、開発フェーズで重要となる品質データと評価方法について解説します。

ヒント1

計測する品質データを明確に決める

「ダイエットをするには体重測定は欠かせない」ということと同様で、品質向上をするためには品質向上対象の指標を数値化して測定する必要があります。そのためには、目的と測定すべき指標および尺度の決定が重要となります。上述した例でたとえるなら、ダイエットが目的で、体重が尺度となり、目標体重が指標となります。確実に測定できる土俵を作るための、設計工程とテスト工程でのポイントを解説します。

(1) 設計工程で収集する品質データ

トラブルプロジェクト経験者であれば、開発プロジェクトにおける全体品質は設計工程の品質状況に左右されることを認識していると思います。設計工程において重要な品質確保施策は、設計書レビューです。収集すべきデータは、表4.20のものとなります。

表4.20　設計工程で採取する品質データ

対象物	採取データ	品質データ
設計書	作成頁数	設計書作成頁数を開発規模（プログラムステップの場合は「KS」、ファンクションポイントの場合は「FP」）で割り密度表現する
	機能数や画面数	
	バッチ本数	
レビュー	レビュー回数	開発規模、レビュー対象枚数と時間を回次毎の密度で表現する。社内レビュー、顧客レビューで分類するとよい
	レビュー時間	
	レビュー対象頁数	
	レビュー指摘件数	
	レビュー参加者名	
	レビュー指摘内容	

レビュー指摘内容については、指摘内容（要件漏れ／設計漏れ／設計誤りなど）をコード化して管理します。また、指摘の重要度についても定義し、レビュー記録（議事録）に記載して管理します。

収集した品質データは、一覧化しておき、機能ごとに横並びで品質指標と実績値を評価できる仕組みを作っておくことが、確実に測定できる土俵となります。

(2) テスト工程で収集する品質データ

テスト工程で不良摘出した際は、バグ票を記載するようにします。バグ票は、品質の十分性を測定するための素データとなるため、記入要領や記入項目などをあらかじめ定義しプロジェクトメンバーに周知することが重要です。バグ票に記載すべき内容を細分化しすぎると、バグ票記載工数が増大するため、現場に受け入れられません。収集すべきデータの活用目的や、分析方法の明確化、分析結果の現場フィードバックまでのPDCAを定義し、現場合意を取ることが重要となります。

バグ票の通し番号や現象・原因などの一般的な記入項目以外で、バグ分析に有効と考えられる品質データを以下に示します。なお、各採取品質データは、あらかじめコード化することでバグ票分析が容易となるので、このことも測定の土俵作りに必要です。

表4.21　テスト工程で採取する品質データ

対象物	採取データ	品質データ
バグ票	重要度	コード化して重要度の内容を定義
	不良形態	新規／潜在／デグレード／修正不十分
	不良作り込み工程	工程（要件／基本／詳細／実装／テスト）
	不良作り込み要因	要因（要件漏れ／設計漏れなど）
	本番想定の影響	本番発生時影響を記載し反省に活かす

ヒント2

測定データの分析と評価を行う

不良は工程進捗に伴い積み上がるため、日次、週次、月次など定期的に分析と評価を行います。品質分析においては傾向分析が一般的で、摘出された不良から弱点を洗い出し、成果物の見直しや品質向上に繋げることが目的となります。また、品質分析と評価においては、設計工程とテスト工程で評価観点が異なります。なお、評価するためのベースラインは、品質計画時に立案した各工程の品質指標を用います。

(1) 設計工程での品質分析と評価

設計工程での成果物は設計ドキュメントになるため、設計書のレビューや検査の実績が分析と評価の対象となります。レビューや検査で摘出された不良から、「機能別」「原因別」などに数値化して管理表などにまとめていきます。

表4.22　設計工程での品質分析

分析	補足説明
機能別指摘件数	設計書が機能別に存在する場合や、機能別チーム編成の場合に有効。指摘者を「社内」「有識者」「顧客」で分類すると強化すべき観点が具体化する
原因と工程のクロス分析	工程ごとの弱点を洗い出す場合に有効。前工程の成果物見直しや、現工程の見直しに活用する

原因と工程のクロス分析（複数の集計結果を掛け合わせて分析する手法）は必須で実施することを勧めます。不良が多い機能に対しては、原因と作り込み工程のクロス分析を行うことで、弱点や品質向上観点が見えてきます。作り込みが前工程の場合は見直し観点や対策も変わります。また、不良原因が検討不足や連携不足の場合も対策が異なってきます。たとえば、機能Xの業務設計検討不足に不具合が集中している場合には、「要件定義書との突合せ再確認または業務有識者との集中レビューが必要」との評価となります。また、クロス分析の結果に基づく品質評価は、顧客を含めたステークホルダーに対して説得力があります。

(2) テスト工程での品質分析と評価

テスト工程も設計工程と同様に、一般的な分析は傾向分析となります。テスト工程では、製造工程を経て成果物が設計書からプログラムまたはシステムに変化するため、不良原因も複数工程に影響します。このため、分析にはV字モデルを用いて不良の「作り込み工程」「作り込み原因」「検出すべき工程」「検出漏れ原因」をクロス分析して評価することで、プロジェクトの弱点を洗い出すことが可能となります。

表4.23　テスト工程での品質分析と評価例

項目		内容
現象		変数初期化漏れによる不定値参照でプログラム異常終了
検出工程		単体テスト
分析	作り込み工程	コーディング
	作り込み原因	途中参画者のコーディング規則不遵守
	検出すべき工程	コーディング（コードレビュー）
	検出漏れ要因	コードレビュー実施不足
評価／見解		各チームのコーディング規則遵守点検と、コードレビュー実施結果の再確認が必要。特定担当者で発生しており、当該チームのコードレビュー方法を再点検する必要あり。

極意40

品質目標と実績のギャップを見える化する

**顧客やプロジェクトで品質状況が共有されません。
共有するためにはどのようにすればよいのでしょうか？**

未経験分野や初めての顧客とのプロジェクトでは、顧客の求める品質目標値と組織が蓄積してきた品質目標値に乖離が生じて手戻りになることがあります。また、開発メンバー内で品質状況が共有されないと、チーム間に跨るような変更責任が曖昧となり、チーム間の確執や溝に発展し、プロジェクト推進リスクに至ります。これらを防止するために、各工程の品質目標値の顧客合意を取ることと、品質状況を可視化してプロジェクト内で共有することが重要となります。

ヒント1 天気マークを活用して品質状況を可視化する

問題とは「目標と現状のギャップ」であるため、複数チーム編成の開発や、開発する業務や機能数が多いプロジェクトでは、特に目標とのギャップを一目で把握できる仕掛けが重要です。プロジェクト状況を可視化するときには、「全体総合」「品質」「スケジュール」「コスト」の切り口で表現すると活用の幅が拡がります。品質状況を可視化することで、プロジェクト関係者は開発範囲の品質状況を一元的に把握可能となり、追加対策を立案しやすくなります。また、顧客や社内ステークホルダーとの共通認識も形成しやすくなります。

可視化の具体例としては、天気マークなどで表現するとわかりやすくなります。目標値内は「晴れ」、目標超過15％未満は「曇り」、目標超過15％以上は「雨」など、開発する業務別や機能別に可視化することで、品質が低下している箇所を容易に絞り込むことが可能となります。定例会議の場などで活用すれば、報告のための生産性が向上して定例会議の質を上げることも期待できます。

これらの取り組みにより、工程途中や終了時点の品質がどのような状態になっているかを把握でき、目標から乖離したときの問題対策の実施可否判断も容易となります。

ヒント2 工程完了判定は顧客の承認を得る

未経験分野や初めての顧客とのプロジェクトでは、品質計画段階までに各工程の完了条件の合意と、完了の十分性を測定するための品質目標値を合意しておくことが重要です。また、変更管理プロセスを確実に行うためにも、要件の充足度や開発する仕様の充足度を可視化して、仕様凍結時期をマイルストーンに組み込むことが重要です。これらの工程完了判定までの流れはフロー図として文書化し、プロジェクト関係者で合意しておくことを勧めます。

顧客と合意した品質目標値については、顧客定例会議で可視化と報告を行い、工程完了時には顧客承認を得るプロセスとすることがスコープ変更の歯止めとなります。具体的には、顧客側体制の変更などにより品質目標や方針が変化することを抑止するためです。人が変われば求める品質も変わってくるため、スコープ変更の影響による品質悪化を最小化するためには、顧客との合意・承認プロセスが最重要となります。

ヒント3 前工程不良の検出見逃し率を評価指標とする

プロジェクトマネージャーやプロジェクトリーダーがトラブル状態時に最も頭を悩ますことは、「現工程を中断し前工程に戻る」ことの決断です。前工程に戻れば手戻りによるロスコストが大きくなり、損益悪化となるため、

「なんとか現工程内でリカバリしよう」と、もがいて手遅れ状態になることがあります。

このような状況を回避するためにも、品質分析時には前工程不良の見逃し率を評価指標とすることを勧めます。各工程における品質分析や品質向上は後工程に不良を流出させないための取り組みですが、現実的にはテスト工程が進むと前工程不良が検出されます。このため、「現工程で発生した不良総数のうち、前工程見逃しの占める割合が何パーセントを超過したときに前工程に戻るという判断をするか」をルール化します。このルールは、顧客特性や対向システムインタフェースの複雑度、初めての外注先体制など、プロジェクトを取り巻く環境によっては、コンティンジェンシープラン（異常時の復旧計画）として計画し発動させます。

表4.24　前工程見逃し不良率の評価例

		前工程見逃し不良率	評価内容
評価	○	15%未満	問題なし
	△	15～25%未満	注意。横串の見直し
	▲	25～30%未満	警報。抜本的品質向上実施要
	×	30%以上	中断して前工程再実施

表4.24は、目安として参考にしてください。経験上、25%以上の前工程見逃し不良が発生した場合は、中断を視野に入れて腰を据えた品質向上施策が必要と考えられます。また、サブシステムや機能ごとに断続的に五月雨式の工程で開発するプロジェクトの場合は、個別サブシステムや機能単位で評価することを勧めます。

Column

品質マップは大規模プロジェクトで大きな効果を生む

品質マップ作成の目的は、システム全体の品質状況を可視化して、弱点部位を特定し追跡することです。特に大規模プロジェクトでの開発段階、本番稼働後の障害管理時に効果を発揮します。大規模プロジェクトでは、サブシステムごとのチーム編成が多岐にわたり、開発体制や役割が複雑化するとともにコミュニケーションパス（意思疎通が必要な経路）も増大します。このため、品質面でのトラブルが発生すると、各チームやサブシステムへの影響も大きくなります。その結果、過渡期には目の前のことに対応するだけの状況に追い込まれ、疲弊による要員体調不良の続出、コミュニケーションパスの破綻などにより、プロジェクトの統制機能が麻痺状態に至ります。

このような状態を回避するために、システム全体の品質状況を常に把握し、弱点検出時には早期対策の先手を打つことが必要となります。これを実現する仕掛けとして品質マップが活用できます。プロジェクトマネージャーやプロジェクトリーダーは、品質マップで特定された弱点に対して原因分析を行うことで、増員や他チームからの要員ローテーションなどの対策判断に用いることが可能となります。また、ステアリングコミッティや定例会議において、品質マップを基に現状品質状態の報告や対策を説明することで、承認を得やすくなります。

また、品質マップをプロジェクト内共有することで、トラブル状態になったときに「何をすればよいかわからない」などの迷走状態に陥ることがなくなり、品質トラブルに対して統制のとれた状態を実現することが可能となります。

なお、品質マップの縦軸と横軸は、機能と品質特性、障害種別と発生頻度、障害種別と障害作り込み工程と多様な分析軸があります。自分のプロジェクトに合った分析軸を、ネット上で幅広く参照してみることを勧めます。

品質マップの例については**ダウンロード特典**を参照してください。

極意41

基準値を外れた場合の施策をルール化する

品質評価をしても現場が改善しようとしません。
改善を進めるためにはどのようにすればよいのでしょうか？

品質指標値に基づいた定量評価のみでは、開発現場との対立となりやすく、開発現場に受け入れられない場合は品質評価対象のメンバーの意欲低下に繋がりかねません。重要なのは、品質状況を定量分析で評価し、不良発生の偏りを定性分析で評価することです。

品質評価は、品質分析の結果報告をもとに効果的な品質向上サイクルを回すことが重要です。そのためには、説得力のある分析・評価を行わなければなりません。

ヒント1 開発現場から納得感を得られる評価結果を出す

品質分析・評価の結果を品質向上に繋げるためには、基準値から外れた場合のアクションをプロジェクト内で合意させておくことが重要です。「基準値を超えているから品質向上をしてください」と言うだけでは開発現場は受け入れてくれません。管理図など活用し、下限値以下の場合のアクション、上限値を超えたときのアクションを事前にプロジェクトルールにしておきます。

品質分析・評価の結果の報告は、必ずプロジェクト進捗会議などの議題として報告し、プロジェクト全体の合意事項とすることが重要です。個別に現場担当やチームリーダーに報告しても、開発現場で優先すべき作業があるときは受け入れてもらえません。開発現場に受け入れられるための２つのポイントについて解説します。

(1) 管理図を用いて定量評価を行う

定量評価には管理図を用いることを勧めます。管理図とは、QC７つ道具の１つで、品質のバラつきを分析・管理するための手法です。管理図を用いて、品質指標に対する実績値が基準値の上限下限の範囲内に収まっているかを、開発機能横並びで可視化して評価します。横並びで比較することで、開発担当は自身が担当した機能と他機能との結果差を視覚的に捉えることができるため、定量評価結果を受け入れやすくなります。また、なぜ差が発生しているのかという要因に気づきを与えることもできます。

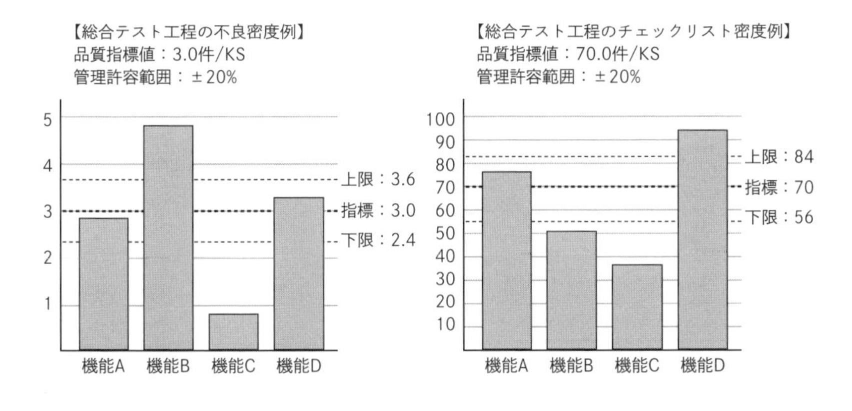

【結合テストのクロス分析結果】

機能名	不良密度 (3件/KS)	CL密度 (70件/KS)	定量評価
機能A	2.9	77	品質良好
機能B	4.8	52	不良多発。 テスト不十分
機能C	0.9	37	テスト不十分
機能D	3.2	95	品質良好。 CLの質確認要

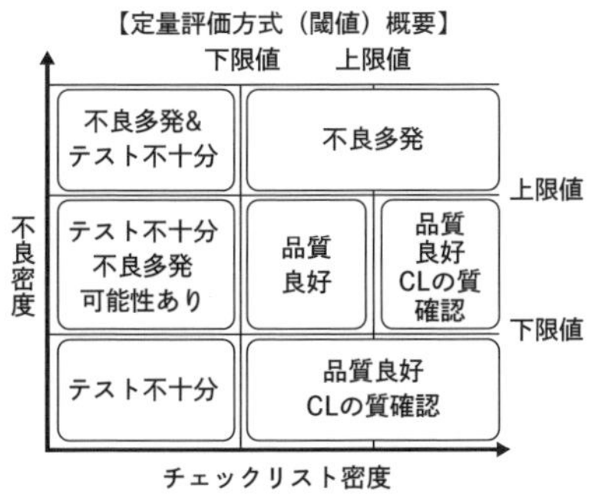

図4.7　管理図を基にしたクロス分析定量評価例

収集する品質指標または尺度が複数ある場合は、クロス分析による評価が有効となります。**図4.7**では、結合テスト工程での不良密度とチェックリスト密度（テスト項目密度）のクロス分析による定量評価例になります。定量評価方式を事前に作成しておくことで、定量評価結果を開発部門と合意形成することが容易となります。

(2) 定性分析は定量分析を根拠に評価する

不良要因の定性分析では、不良発生傾向の偏り（特定業務や機能、開発者やチーム等）を定量分析した評価結果で根拠を裏付けることが重要です。定性分析は、品質向上や類似不良防止の観点抽出が目的となります。

表4.25 定性分析の観点例

区分	分類	観点
技術的要因	機能別	・特定機能や業務に偏りがないか
	処理別	・特定の関数に集中していないか ・エラー処理不足に集中していないか ・単一条件不良が発生していないか ・設計検討不足、漏れがないか
動機的要因	作り込み工程、作業別	・作業／プロセスの順序や不足、誤りはないか ・インプット／アウトプットの不足はないか ・レビュー方法／テスト方法の誤りはないか
	人別／チーム別	・思い込みがないか ・連携ミスや不足がないか ・スキルや知識の不足がないか

技術的要因の分析でプロジェクト横断的な見直し観点の洗い出しに活用する。
動機的要因の分析で、プロジェクト全体の問題か、「特定チーム内の問題かを切り分ける。作り込み工程が、前工程の成果物品質やプロセスに原因がある場合、見直す範囲が拡がる。チーム別や人別に傾向を分析し、特定チームや要員に偏りがあれば、要員入替や増員、スキル強化の対策立案に活用する。長期間プロジェクトでは動機的要因分析が重要である。

定性分析は、バグ票に記載された区分を基に分析するだけでなく、現象や原因など、記載内容を基に分析する必要があります。記載内容の分析においては、テキストマイニングツール（大量テキストデータ分析ツール）などを利用して、起因する言葉の発生頻度や傾向、繋がりを可視化してから現場説明すると、開発現場の納得感を得られます。これらの結果をプロジェクト進捗会議などで報告し、品質向上施策や見直し観点を各チーム横断的に展開していくことが、プロジェクトの全体品質向上に繋がります。

ヒント2

品質管理表を用いて、工程毎の品質を可視化する

テスト工程でバグが多発すると、集計する対象工程のバグ数や原因分析に終始することがあります。開発には工程があり、バグ要因には工程間の因果関係が潜んでいます。総合テスト工程における単体不良の多発などは、各テストプロセスの十分性評価の問題や、設計書の記載レベルなど設計書品質に起因することも多々あります。このため、各工程の品質分析結果では、次工程への影響の可視化が重要です。可視化による品質のトレーサビリティが確保できたとき、品質向上への改善点を発見することが劇的に良くなります。

品質管理表の例については**ダウンロード特典**を参照してください。

(1) 品質管理表を作成し、定期的に更新する

品質計画時に管理対象とした各工程の品質指標名と指標値、計画値、実績値を並べ、品質管理表のフォーマットを決定します。開発規模や開発担当者もプロジェクト共通情報として品質管理表の管理情報とすることで、開発規模変遷や開発担当者の不良発生傾向に気づきを与えることが可能です。品質管理表は、定例（週次／月次）の品質評価時に更新します。バグ票がツール管理されている場合は、自動的に品質管理表に反映する仕組みを構築しておくことを推奨します。

(2) 品質管理表を活用する

品質管理表は、プロジェクトや顧客との定例会議、工程完了判定会議などで活用します。品質管理表により、機能別や人別の品質状況が開発工程を跨って可視化されます。評価コメントとして定量／定性評価結果を記載すると、開発現場や顧客の納得感が向上します。

Column

テスト工程以降の仕様変更発生箇所の品質評価に注意する

大規模かつ長期間のプロジェクトでは、テスト工程に入ってからも顧客からの仕様変更要望が発生することがあります。変更管理プロセスが明確であっても、顧客特性によっては強い圧力で強要されることが開発現場の実態です。プロジェクト体制に余力がない限り、無理な期間とリソースで対応せざる得ません。また、無理な体制や期間で対応した場合は修正ミスによるデグレード率も高まります。さらに、品質トラブル状態に陥っている状況では時間や人的リソース制約が強くなり、それまで遵守していたルールやプロセスが守れなくなります。このような状態でデグレードが顧客テストで検出されれば、「同要因が他にないか全体見直しせよ」などの指示が出て、プロジェクト全体に影響が発生します。

仕様変更は、これまで積み上げてきた品質を崩してしまう可能性があります。特にテスト工程以降で発生する仕様変更は、「品質の作り壊し（デグレードの作り込み）」に等しいことです。このため、仕様変更箇所に対する品質分析と評価においては以下のポイントに注意が必要です。

- 変更内容が明確で変更するドキュメントは明確か
- 影響範囲は明確でテスト項目は十分か
- レビューは有識者を含めて実施され、議事録は残っているか
- テスト実施エビデンスと消化済テスト項目はあるか

単一機能内の仕様変更であれば難易度は高くありませんが、機能間やチーム間に跨る場合や、他ベンダー開発の対向システム（データ連携する相手のシステム）のインタフェースに影響がある場合などは難易度が高くなります。仕様変更の修正ミスにより、それまで積み上げてきた品質が疑問視されないように取り組んでください。

Column

使用するメトリクスは現場が理解できる言葉で表現しよう

品質管理担当者や責任者にとっては、当たり前のように使う言葉であっても、開発現場で意味を正しく理解されずに意思疎通を阻害する要因となることがあります。そのため、現場が理解できる言葉で表現することが重要となります。

- メトリクス：品質を測るための「尺度」と「指標」を用いて、品質管理を可能とするために定量化した数値
- 尺度：品質の良し悪しを測る単位（物差し）。「指標名」や「品質指標名」と表現すると現場から理解されやすい
- 指標：尺度で決めた数値を判断する基準値。収集した品質データの基準値に対して未達や超過を評価する。「指標値」や「基準値」と表現すると理解されやすい

■自動車の制限時速を例とした説明

道路交通法による速度超過違反を例に説明すると、尺度が時速、指標が制限速度（法定速度／指定速度）となります。

SPEED LIMIT 25

[尺度] 時速 ：	Km/h	mile/h
[指標] 制限速度：	50Km/h	25mile/h

図4.8　速度超過違反を例にした尺度と指標の説明

上記例のように、時速と制限時速をメトリクスとして速度超過を違反行為と明示することで、交通の安全を円滑に図ることができます。しかし、日本国内ではマイル（mile）で明示しても、運転者が実感できる尺度とはなりません。同様にシステム開発においても、現場が理解しやすい尺度と指標を設定することが品質管理の円滑な運用に繋がります。

極意42

リリース判定はリリース後の準備状況も確認する

本番稼働後に納品物の品質以外でトラブルに陥らないために、どのような準備をしておけばよいのでしょうか？

いよいよ本番稼働日を迎えました。システム開発者にとって本番稼働日は、険しい道程を這い上がり目指した山頂からご来光を見ることにも等しいものです。しかし、本番稼働後の役割や準備を顧客と調整できていない、または合意できていなかったことで、システムの品質面と異なる範囲でトラブルに巻き込まれることがあります。

たとえば、本番環境での移行データが顧客から事前提示されたデータ量の10倍以上あり、目標性能が未達でトラブル化し、顧客との紛争を回避するためにベンダー責として対応したという事例があります。また、性能目標の評価時に前提条件を顧客と合意していなかったゆえに、損害賠償を伴うトラブルに発展してしまう事例もありました。

このようなケースに陥らないためには、リリース判定では、本番移行の準備状況、業務運用の準備状況、保守体制の取り決め状況、本番トラブル発生時の取り決め状況など、リリース後の準備状況も確認することが必要です。

ヒント1 顧客側タスク遅延の影響を共有する

本番稼働に向けた準備段階では、顧客側とシステム開発側での役割分担を明確にし、お互いのタスク進捗をWBS（Work Breakdown Structure：作業工程進捗表）で管理する必要があります。WBSでは、データ移行やマスターデータ作成、利用者の教育トレーニング、運用管理手順書作成など多岐にわたって管理します。また、WBSの内容は、ステアリングコミッティなどで顧客側のプロジェクト責任者に合意を得ることが重要です。また、顧客側のタスクの進捗状況は、定例会議などですべての課題の解決状況を見える化して共有することが肝となります。

ヒント2 顧客のシステム習熟度評価は利用部門を巻き込む

利用部門と情報システム部門の力関係には少なからず強弱があります。特に利用部門の力が強い場合、新システムの習熟度（教育やトレーニング状況）によりますが、本番稼働後に現行システムの操作との乖離に対して不満が高まる場合があります。このような状況を作らないためにも、新システムの操作習熟度の評価にあたっては、利用部門を巻き込み、複数拠点があるなら各拠点に利用部門責任者を決めて習熟度を測る仕組みを運用設計時に構築しておくことが重要となります。

ヒント3 平常保守時と異常時を切り分けて、役割分担を明確化する

本番稼働の初期段階（約１か月）では、さまざまなトラブルが発生するものです。このため、保守体制の役割を明確化することが重要となります。たとえば本番稼働後１～３か月間は、安定稼働後の通常保守と分けた体制と役割を顧客合意しておきます。また、安定稼働の判断基準についても顧客合意しておくことで、保守体制への移行が円滑になります。

(1) 保守体制を取り決める

保守体制の役割で明確にする項目は多岐にわたります。「利用部門から寄せられる問合せの一次切り分け体制」「調査・フォロー体制」「障害情報の管理運用方法」「障害対応の費用分担」などについて、本番稼働前までに顧客と合意しておくことが重要です。

(2) トラブル時の対応方法を取り決める

トラブルや障害が発生した際の取り決め事項において重要なポイントは、「発生事象の重要度」「報告(エスカレーション)ルートと責任体制」「瑕疵(かし)責任の切り分け」です。これらを事前に顧客と合意しておき、障害発生時の対応マニュアルや復旧手順書を作成しておくことで、障害対応が円滑になります。また、事前取り決めが顧客と合意できていないと、障害発生など緊急対応が必要なときに相互で「責任転嫁」が発生し、復旧の遅れや会社間の関係性を壊すようなトラブルに発展することになりかねません。

ヒント4 稼働経過期間に合わせた性能要件を合意する

性能目標は現行システムのデータ量に基づいて設定すると思いますが、顧客のビジネス拡大や新システム利用者数の拡大などにより、データ量はシステム経過年数とともに増大していくことを考慮する必要があります。このため、設定された性能目標をクリアすることだけを目的とせず、限界値を測定しておくことが重要となります。

限界値に近づいたときの対策方針を事前に顧客と合意しておくことにより、運用保守フェーズでトラブルになることを防止できます。対策方針は、CPUやメモリなどのハードウェア増強、テーブルやデータ検索方法のソフトウェア的な対策方法などの検討が必要です。また、顧客の繁忙期や過渡期における性能目標値についても限界値を測定しておくことを勧めます。

なお、限界値を測定したからには、限界値を超えた場合の処理も事前合意しておく必要があります。

Column

利用部門の新システム習熟度はリリース判定条件とせよ

顧客利用部門の新システム習熟度を顧客任せにしてしまい、新システムの本番稼働後に利用部門から問合せが殺到したことで対応費用が増大した経験があります。このシステムは、顧客６拠点の窓口業務で利用され、６拠点とも同一業務プロセスの運用でした。本番稼働当初１か月は、新システムに不慣れなことが要因と考え対応していましたが、２か月目も２拠点を除いて同様の状況でした。

日次、週次、月次業務のすべてで問合せ件数が減少しない状況にあったため、原因究明のために各拠点に足を運び窓口業務の運用について監視することにしました。その結果、６拠点のうち４拠点の窓口対応業務で、運用マニュアルによる教育やトレーニングが未実施であることが判明しました。具体的には、窓口担当者のシステム誤操作の多発や不要操作による不要データが発生し、問合せ件数が増大していたのです。顧客６拠点のうちトレーニング済の２拠点では翌月の問合せ件数は30％まで減少していましたが、他の４拠点では問合せ件数が110％と増加しており、その対応費用は約４人月を超過していました。本番稼働のリリース判定時に、新システム習熟度評価について、現地確認しなかったことを、顧客責任者と共に深く後悔しました。

顧客の利用部門によっては、現行システムと操作が変わることに対して拒否感が強いことがあります。本番移行では、利用部門の習熟度はリリース判定で確実に評価してください。また、現行システムから操作が変更となる業務は、利用部門に対して丁寧な説明を実施しておくことが重要です。

利用部門が強い力を持っている場合、新システムへの不平・不満が経営層に届き、「使えないシステム」のレッテルを貼られて顧客との信頼関係が破綻することもあります。新システム開発に費やした数百人月という歳月を無駄にしないためにも、「利用部門の新システム習熟度をリリース判定条件とすること」を肝に銘じておきましょう。

極意43

本番障害対応は時間軸を変える

本番障害対応で何を優先したらよいかわかりません。

運用が問題なく動いていることを常時監視し、トラブルもなく運用ができていたとしても、その状態が永遠に続くとは限りません。設定変更のミスや連携システムのトラブルにより、ある日突然に障害は発生します。障害発生の原因調査・復旧を行っている最中に顧客や上司からの状況説明を催促されて対応に時間がかかると障害復旧作業が遅れ、問合せも拡大するという悪循環に陥ってしまうこともあります。このようなことに陥らないために、本番障害対応で優先するべき具体的な解決のヒントを3点解説します。

ヒント1

関係者に1秒でも早く報告をする

顧客からトラブルの情報が入ったときやアラートメールが送られてきたとき、「あぁ、この障害を報告したくないなぁ」と思ったことはないでしょうか。日常業務では1日単位で管理されることが多く、短くても時間単位です。しかし本番障害などで「報告したくない」と思ったときは、秒単位で1秒でも早く顧客や上司・関係者に報告する必要があります。障害が発生していることをいち早く伝え状況を共有することで、顧客や上司への対応もスムーズになり、障害の原因把握や復旧に集中できることになります。

トラブル連絡を受けたときは何より先に「秒単位」の行動で、まず、「トラブル発生の連絡」が優先です。また、起こったトラブルの重大さを判断するビジネス感覚は、現場担当者より上司の方が上回っています。ことによっては「対策本部を設置」の必要があるトラブルかもしれません。絶対にトラブルの重大さを「現場の視点」で判断してはいけません。「報告したくない」と思ったら、「１秒でも早く報告すべき事象が起こった」と認識しましょう。

ヒント2

早急な障害復旧を優先する

障害により顧客業務が停止している状態で急がれるのは障害の復旧です。原因が判明し恒久対策を行える場合は恒久対策を実施すればよいですが、恒久対策の実施に時間がかかる場合や、真の原因がわからず暫定対策で復旧ができる場合は、暫定対策を実施し、復旧後に真の原因を究明し恒久対策を実施することになります。しかし復旧のタイムリミットが存在する場合があります。その場合は、復旧のタイムリミットを確認した上で、先に暫定対策を実施するのか、初めから恒久対策を実施するのかを判断することが必要です。

また、システムを改修する際に上司の承認が必要な規定となっていないでしょうか？　障害はいつ発生するかわかりません。上司の承認を得るために復旧が遅れたのでは意味がありません。緊急時の対応は現場での裁量を認め、復旧後に障害の影響調査や原因究明を実施する一連のルールが必要です。

ヒント3

顧客への情報提供を怠らない

障害発生時、顧客が重要視することは「いつ復旧するか」です。復旧までに時間がかかっても、その時点の状況や再度の連絡タイミングは知りたいものです。また、復旧に時間がかかり、顧客へ連絡した時間までに復旧ができないなど、状況は常に変わります。約束した時間や状況の変化時に連絡を即することで顧客からの状況確認や催促がなくなり、復旧作業に専念できます。本番障害は顧客信頼度を下げるピンチです。しかし、対応が良いと信頼を上げるチャンスにもなるということを心に留めておきましょう。

極意44

トラブルでの失敗を改善に繋げる仕組みを作る

本番障害やトラブルで同じ失敗が繰り返されています。

発生した障害の原因を調査したところ、以前対策した障害と同じ障害や似たような障害だったという経験は少なからずあると思います。対策を実施し、再発防止対策まで決めており同様の障害は発生しないと思っていた矢先に同様の不具合が再発すれば、対策が不十分であったと思い知らされるばかりでなく、顧客や上司からもクレームをもらい信用まで失ってしまうでしょう。

障害発生時には、直接原因を是正するだけではなく、なぜその障害を作り込んだかの根本原因を究明し、改善（未然防止）に繋げることが大切です。

ヒント1 繰り返されるヒューマンエラーを防止する

人はミスを犯す生き物です。うっかり、ぼんやり、勘違い、思い込み、間違いや慣れからくる自分勝手な判断でのミスは珍しくありません。さらに疲れやストレスが高い場合は、普段と同じ業務や作業を行っていても注意力が散漫になり、さらにミスを犯す可能性が高くなります。このようなミスは個人の問題として扱われることが多く、ミス防止システムやプロセスの問題として捉えられないことが多くあります。ここでは、ヒューマンエラーの解決策を自動化と複数の目による確認の観点で解説します。

(1) 自動化により人の介在を最小化する

人が介在することによりミスが発生してしまうので、人を介在させないよう自動化を行うことが重要です。自動化する工数がないという理由で簡単な操作を手動で行っていると、いつかミスが発生してしまうことになりかねません。たとえば、いつも同じ人が実施していて慣れているジョブの実行であっても、体調が悪かったり、担当者が変わったりといった要因により、実行順序を間違える可能性があります。この場合、期待した結果が得られないだけではなく、システム全体に影響を及ぼすこともあります。

複雑な手順・操作であれば、「人はミスをする」ことを前提に自動化を行うと思いますが、簡単な手順・操作であっても、「人はミスをする」ことを前提に自動化を実施する必要があります。

(2) 手順書やチェックシートを整備し、複数の目で確認し合う

手順書やチェックシートの記載内容は、誰が見ても、誰が行っても同じ結果となるように記載されていることが必要です。また、手順書やチェックシートが整備されていても、一人で行えばミスをミスと気づかずに作業を行ってしまいます。手順書やチェックシートを整備し、必ず複数の目で確認し合うことにより、不明瞭な箇所をお互いに確認し合ったり、手順を1つ抜かしてしまったことを発見できるようになります。

ヒント2 根本原因を組織で共有し、他人事としない

障害の対応が終わり報告書を書いても、また同じ障害が発生してしまっては意味がありません。同じ障害を繰り返さないためには、根本原因の関係者への共有が必要です。さらに共有しても、なぜその障害が発生してしまったかを自分事として捉えて学習しないと再発防止に繋がりません。

(1) 根本原因を組織内の個人まで共有する

障害の報告書が作成されても、一部の関係者にしか理解できない内容となっていて関係者全員への共有が行われないと、別の人が同じ障害を発生させてしまいます。これを防止するためには、関係組織全体で、一連の失敗に

ついて障害の発生経緯から根本原因の対策までを共有することが必要です。

また、会議の場を設けて障害の内容と障害に至った直接の原因とその根本原因を当事者が生の声で伝えることで、関係者全員が自身に当てはめて考え、自分事として習得する場を作ることは効果的です。

ここで、組織内でうまく根本原因を共有できた医療現場の事例を紹介します。あるとき、「食堂でBさんと食事をしているAさんに、うっかりBさんの薬を渡してしまった」という医療事故がありました。いつもはベッドに貼り付けてある名札を確認して渡していたので間違いが起こらなかったそうです。この事故の根本原因として、「患者とID（ここでは名前という識別子）が分かれていること」を導き出し、患者自身に名札を付けるように改善しました。そして、この根本原因を「対象物とIDが分かれていること」と一般化して組織で共有し、他に同様の事象がないかを調査しました。その結果、臨床検査で使う「ガラスの容器本体とIDを貼ったガラスの蓋」が分かれていたことがわかり、ガラスの容器本体にIDを貼ることで、「間違ったガラス容器本体を使ってしまう」という医療事故を未然に防げるようになりました。

(2) 防災訓練を実施する

防災訓練はなぜ毎年実施するのでしょうか？　訓練という経験があることで、実際に火事や地震が起きたときに適切な行動をとることができ、被害を最小限に抑えることができるからです。また、一度訓練で実際に経験したとしても、時が経てば忘れることもあります。これを防ぐために、防災訓練は繰り返し実施して、いざというときのために備えておく必要があります。

失敗事例においても同様のことが言えます。他人の失敗を他人事と考え、失敗事例をただ聞く、ただ読むだけでは身につまされません。自分事と捉え、失敗事例を自らの行動として仮定し、起こる事象を想像してシミュレーションすることで、他人の失敗を経験値として習得することができます。

また防災訓練と同じように、このようなシミュレーションを定期的に繰り返すことで習得したことが身に付くと、障害発生に至る前に気づき、ミスを防止することが期待できます。

本番障害報告やトラブル報告の場を「防災訓練の場（気づきの場）」に変えてみてはいかがでしょうか？

Column

保守体制の整備は計画的に早めに

開発が終わり運用段階に入り一定の期間が過ぎると、開発チームは解散して保守を保守担当者に引き継ぐことになります。開発者の一部がそのまま保守を担うこともありますが、時間の経過とともに保守担当者が減り、一人で担当することも珍しくありません。また、近年は保守保証の長期化が進み、20年以上の超長期保証が求められるようにもなっています。このような中で保守に関わる課題として以下があります。

- 開発者から保守内容が十分に伝わらない
- 保守担当者の交代により保守内容が部分的に漏れてしまう
- 初期開発メンバーが誰もいなくなり、確認や相談もできず早期の問題解決ができない
- 保守担当の人員確保が計画的に行われずその場しのぎとなる

このようなことが起こらないための対策として、 以下が挙げられます。

- 開発段階から保守文書の整備計画を立て、開発チームが解散するまでに保守文書を完成させる
- 作成された保守文書は作成者以外の保守担当者で内容を確認し、不明点をなくしておく
- 保守担当者へのトレーニングを計画的に実施する
- 引継ぎにかかる時間を考慮して保守交代を計画的に実施する
- 保守終了まで保守人員計画を定期的に見直す

超長期の稼働の場合、連携するシステムに変更が入ることや、使用しているOSやミドルウェア、ハードウェアも変更になることがあります。これらに合わせた人員計画の見直し、さらには保守担当者の異動や退職を考慮に入れることも重要です。

付録

ソフトウェア品質保証プロフェッショナルの会の活動

本書の内容の拠り所となった「ソフトウェア品質保証プロフェッショナルの会（旧ソフトウェア品質保証部長の会）」の活動を紹介します。

本会は、ソフトウェア品質保証に対する問題意識を持ちながらも日々の仕事に追われ、孤軍奮闘する品質保証部門長の声に応えるために2009年11月に発足しました。

本会の１期からの14期の検討テーマの変遷と概要を紹介します。**図A.1**に検討テーマを「QA進化」「経営視点」「品質の勘所」「品質技術」「技術的環境変化」「人材・意識」に分類し、活動期ごとに示します。

＊＊＊ ：検討テーマ　QA：品質保証　CX：顧客体感

テーマ分類 / 活動期	QA進化	経営視点	品質の勘所	品質技術	技術的環境変化	人材・意識
1期			QAの悩み（1〜2期）	各社の取り組み		
2期	QA進化論			上流工程		
3期			品質保証の肝（3〜6期）	レビュー		達人の育成
4期		経営視点（4〜5期）		超上流工程（4〜6期）		QAミッション
5期					アジャイル（5〜6期）	人材育成
6期	QA進化論			設計工程		品質意識（6〜7期）
7期	品質成熟度（7〜10期）				セキュリティ（7〜9期）、サービス品質（7〜9期）	品質事故原因
8期		品質戦略			IOT時代の品質（8〜9期）	人材育成（8〜10期）、品質意識測定（8〜9期）
9期		QA価値向上		品質分析		
10期		価値創造		QAの質向上	アジャイル、AIシステムの品質	
11期		DX時代の品質保証（11〜12期）				QA人材の育成（11〜13期）、腹落ちする品質意識（11〜13期）
12期				QA業務の自動化		
13期	QAの在り方（13〜14期）	顧客提供価値		レビュー		
14期				品質の可視化	サービス品質	CX品質を実現する人材育成
14期（全分類）	品質保証の極意　書籍化					

図A.1　活動の歴史　～検討テーマの変遷～

１期～２期頃

「ミッションクリティカルな汎用製品を担当して高品質を追求」「受託開発で大規模プロジェクトが中心」「品質保証部門ができて間もなく品質プロセスの思案中」「日々膨大なテストで品質確保は人海戦術」など、担う製品の開発背景などによりさまざまな課題を抱えている状況でした。これらの課題の共有から始め、品質保証部門の実態調査、品質保証部門の悩みや各社のベストプラクティスの共有により議論がスタートしました。

３期～６期頃

「課題共有、施策の検討」が中心であった活動も「品質保証部長ならではの視点」で、経営的な視点の品質戦略も含めて品質保証を考える活動がスタートしました。またこの頃には、「アジャイル放棄に未来なし」という記事（『日経コンピュータ』第860号（2014.5.15））が発表されるなどアジャイル開発が本格化し、ソフトウェアの開発にもさまざまな変化がありました。

７期～10期頃

アジャイル、サービス、セキュリティ、IoT、AIなど新しい環境における品質保証の方法、品質保証部門のミッションなどのテーマで議論が行われるようになりました。一方、品質保証を担う上で変わらない本質的な部分である品質意識や人材育成、品質成熟度などの議論が継続しました。

11期～14期頃

「DXレポート」が発表され、デジタルによる変革が進められる中、品質保証部門の在り方、顧客価値に着目した品質保証のアプローチやそれに関わる人材の育成などの議論を深めました。また、環境の変化もあり、品質保証の根幹となる考え方を組織的に実践することが難しくなっていると感じ、その対策の議論も継続しました。

また、このような活動で得たDX時代に求められる品質保証のマネジメント全般に通じる知見を受け継ぎ、本書の編纂に取り組みました。

索引

あ行

か行

さ行

た行

な行

は行

ま行

や行

ら行

英数字

執筆者紹介

日科技連ソフトウェア品質保証プロフェッショナルの会
第15期「ソフトウェア品質保証の肝」書籍化グループ

編集事務局

藤川　昌彦	アズビル株式会社
早崎　伸二	ネバーランド（元株式会社リンクレア）
川田　葉子	株式会社構造計画研究所
北村　弘	独立行政法人情報処理推進機構（IPA）
小島　嘉津江	富士通株式会社
松波　知典	SOMPOシステムズ株式会社
中西　秀昭	一般財団法人日本科学技術連盟
平山　貴之	一般財団法人日本科学技術連盟
平山　照起	一般財団法人日本科学技術連盟

執筆者（50音順）

上符　仁司	ピー・シー・エー株式会社
鎌倉　洋一	源氏企画（元富士通株式会社）
川田　葉子	株式会社構造計画研究所
北村　弘	独立行政法人情報処理推進機構（IPA）
衣川　潔	株式会社日立ソリューションズ
小島　嘉津江	富士通株式会社
佐藤　孝司	文教大学（元日本電気株式会社 上席品質プロフェッショナル）
早崎　伸二	ネバーランド（元株式会社リンクレア）
藤川　昌彦	アズビル株式会社
増井　さくら	伊藤忠テクノソリューションズ株式会社
松波　知典	SOMPOシステムズ株式会社
松本　道春	株式会社日立ソリューションズ
横山　美枝子	GC株式会社

※所属は、発刊当時のものです。
※本書の内容は、ソフトウェア品質保証プロフェッショナルの会（旧ソフトウェア品質保証部長の会）の見解に基づくものであり、所属組織を代表するものではありません。

ソフトウェア品質保証の極意
―経験者が語る、組織を強く進化させる勘所―

2024年9月13日　　第1版第1刷発行

編　者　日科技連ソフトウェア品質保証プロフェッショナルの会
発行者　村上和夫
発行所　株式会社 オーム社
郵便番号　101-8460
東京都千代田区神田錦町3-1
電話　03(3233)0641(代表)
URL https://www.ohmsha.co.jp/

組版　BUCH⁺　　印刷・製本　壮光舎印刷
ISBN978-4-274-23230-5　Printed in Japan